DEUTSCHE AUTOMOBILE

von 1945 bis heute

ZENTNERS ILLUSTRIERTE

CHRONIK

DEUTSCHE AUTOMOBILE

von 1945 bis heute

OTUS

Seit seinen Anfängen – erwähnt seien hier nur die Pioniere Nikolaus Otto, Carl Benz und Gottfried Daimler – stand Deutschland stets an der Spitze des internationalen Automobilbaus.

Und auch nach 1945 wurde nach bescheidenen Anfängen die Automobilindustrie zum großen Motor der deutschen Wirtschaft. Angesichts der unübersehbaren Fülle an Typen und Modellen kann das vorliegende Buch diese Erfolgsgeschichte natürlich nicht umfassend darstellen. Unsere Chronik bietet vielmehr einen Querschnitt durch die bunte Palette der deutschen Automobilbauer. Neben den großen Namen Audi, BMW, Ford, Mercedes-Benz, Opel, Porsche und Volkswagen bleiben aber auch ältere Modelle nicht unberücksichtigt: Da ist der NSU-Prinz ebenso zu finden wie der Borgward Isabella und Lloyds „Leukoplastbomber“, der DKW 3=6, das Goggomobil und der Messerschmitt Kabinenroller.

Auch ein Blick auf die ehemalige DDR, die es wirtschaftlich so viel schwerer hatte als die Bundesrepublik – ein Blick auf die Wartburgs und die Trabis –, gehört natürlich in eine Chronik der deutschen Automobile von 1945 bis heute – eine Chronik, in der das Markenzeichen „made in Germany“ immer geglänzt und es auch im Zeichen der Globalisierung und der internationalen Konkurrenz seinen Nimbus nicht verloren hat.

Noch bevor er 1946 vom ersten Käfer abgelöst wurde, wurde in Wolfsburg bereits im August 1945 mit der Produktion des Volkswagens, Typ 51, begonnen, dessen technische Daten im Wesentlichen mit denen des Standard-Models Typ 11 übereinstimmen.

VW Käfer Typ 11

Die Marke Volkswagen kam nach dem Zweiten Weltkrieg schnell auf die Beine. 1945 wurde der unter Adolf Hitler gegründete Produktionsstandort, an dem bereits 17.000 Menschen lebten, auf den Namen Wolfsburg getauft. Während der Kriegszeit kam die serienmäßige Herstellung des von Hitler so sehr gepriesenen Volkswagens nie in Gang. 1946 dann war es so weit: Die VW Typ 11 Standard-Limousine enterte den Automarkt, ein komplizierter Name für ein Auto, das heute vor allem als „Brezelkäfer" bekannt ist. Diese scherzhafte Bezeichnung entstand später und spielte auf das zweigeteilte Rückfenster an, das entfernt an eine Brezel erinnert. Die Ingenieure mussten den Mittelsteg einbauen, weil es in den Anfangstagen des Käfer kein gebogenes Glas gab, wie es wegen der gewölbten Karosserie eigentlich nötig gewesen wäre. Dieses erste Serienmodell des über Jahrzehnte erfolgreichsten Wagens der Autogeschichte hatte einen luftgekühlten Vierzylindermotor im Heck, der aus 1131 Kubikzentimeter Hubraum eine Leistung von 25 PS entfaltete. Das reichte für eine Spitzengeschwindigkeit von 105 km/h. Um sie zu erreichen, brauchte es Geduld, aus heutiger Sicht viel Geduld. Der Brezelkäfer benötigte 50 Sekunden, um von 0 auf 100 km/h zu kommen. Aber VW zielte ohnehin nicht auf den komfortorientierten Kunden. Das Standardmodell war komplett ohne Chrom konstruiert. Die Bremsen funktionierten über einen Seilzug – eine unkonventionelle, aber robuste und simple Konstruktion, an der VW bis in die neunziger Jahre festhielt. 1948 dann kam die Produktion richtig ins Rollen. Die Kriegsschäden waren beseitigt. Der Käfer wurde zum Symbol des Wirtschaftswunders.

Technische Daten	
Baureihe:	VW Limousine (Käfer)
Modell:	Typ 11 Standard Limousine
Bauzeit:	1946 – 1953
Motor:	4-Zylinder Boxer; luftgekühlt
Ventile:	ohv; zentrale Nockenwelle
ccm:	1131
B x H:	75 x 64 mm
Leistung:	25 PS bei 3000/min
Antrieb:	Hinterräder
Gemischaufb.:	1 Solex-Vergaser
Getriebe:	4V
Bremsen:	mechan.; Trommel v/h
Höchstgeschw.:	105 km/h
Leergewicht:	730 kg
Reifen/Felgen:	5.00 x 16
Radstand:	2400 mm
L x B x H:	4070 x 1540 x 1590 mm

Opel Olympia

Die Olympischen Sommerspiele 1936 im von den Nationalsozialisten beherrschten Berlin sind ein zwiespälitges Kapitel in der Geschichte des Sports. Aber dafür kann der Opel Olympia ja nichts, auch wenn er seinen Namen in Anlehnung an die Spiele von Berlin bekommen hat. Im Februar 1935 bereits wurde der Opel Olympia, der von Anfang an als Limousine und Cabrio angeboten wurde, auf der Internationalen Automobilausstellung vorgestellt, damals war er für den Preis von 2500 Reichsmark zu haben. Er war etwas Besonderes – nicht, weil er hieß wie das größte Sportfest der Welt, sondern weil er das erste in Großserie produzierte Auto mit selbsttragender, komplett aus Stahl gefertigter Karosserie war. Daraus ergaben sich Vorteile für die Kunden wie die Monteure: Zum einen bot der Wagen eine bis dahin in seiner Fahrzeugklasse ungekannte Aerodynamik und Stabilität, zum anderen ermöglichte die neue Komplett-Karosserie eine getrennte Vormontage von Karosse und Achsen mit Motoreinheit. Der Opel Olympia war außerordentlich beliebt: Bis 1940 wurden 170 000 Modelle verkauft. Doch dann kamen die vierziger Jahre, der Zweite Weltkrieg, und die Produktion ziviler Fahrzeuge wurde gestoppt. Es dauerte sieben Jahre, bis der Opel Olympia wieder gebaut wurde. Zunächst als Überarbeitung der Vorkriegsversion, und ab 1950 schließlich mit modernisierter Karosserie. Doch auch wenn der ursprüngliche, echte Opel Olympia nur für verhältnismäßig kurze Zeit gebaut wurde, überlebte sein Name noch mehrere Jahrzehnte. Opel setzte den Beinamen Olympia noch bei einigen anderen Modellen ein – erst ab 1972 wurde er für Neuwagen nicht mehr verwendet.

Technische Daten	
Baureihe:	Opel Olympia 47
Modell:	Limousine, zweitürig
Bauzeit:	1947 – 49
Motor:	4 Zylinder Reihe, wassergekühlt
Ventile:	ohv, Stirnräder
ccm:	1488
B x H:	80 x 74 mm
Leistung:	37 PS/3500
Antrieb:	Hinterräder
Gemischaufb.:	Opel-Fallstromvergaser
Getriebe:	4V, 1R, Mittelschaltung
Bremsen:	hydr., Trommel v/h
Höchstgeschw.:	112 km/h
Leergewicht:	910 kg
Reifen/Felgen:	5.00 x 16
Radstand:	2395 mm
Spur v/h:	1191/1250 mm
L x B x H:	4020 x 1500 x 1580 mm

Mercedes 170 V

Der Mercedes 170 V wurde bereits 1936 auf der Berliner Automobilausstellung vorgestellt. Das „V" diente zur Unterscheidung zum gleichzeitig präsentierten 170 H – beim „V" war der Motor vorne eingebaut, beim „H" im Heck. Doch dann kam der Krieg, und die Autoproduktion wurde eingestellt. Es dauerte bis 1946, ehe Mercedes wieder mit dem Bau von Personenwagen beginnen konnte – der 170 V lief als erstes und einziges Modell vom Band. Erst ab Mai 1946 wurden die Kasten- und kleinen Pritschenwagen wieder gebaut, ab Juli 1947 die 170 V Limousine, und im Mai 1949 schließlich folgte eine Dieselvariante, der 170 D – der erste Diesel-Personenwagen der Nachkriegsgeschichte. Im Mai 1950 erhielt der Vierzylindermotor des 170 V (wie auch der des 170 D) eine Hubraumvergrößerung und war damit nun leistungsfähiger. Zudem wurden Teleskop-Stoßdämpfer und stärkere Bremsen eingebaut sowie die Hinterachs-Spurweite verbreitert. Und auch der Komfort wurde verbessert: Sitze und Innenbreite des Fahrgastraums wurden vergrößert, der Kofferraum war jetzt bequem von außen zugänglich und Lüftungsblenden an den Vorderfenstern schützten von nun an vor Zugluft. Zur Unterscheidung von den ursprünglichen Modellen wurden die verbesserten Varianten intern 170 Va und 170 Da genannt. Im Mai 1952 dann wurden die beiden Modelle erneut überarbeitet: Die Hinterachs-Spurweite wurde weiter verbreitert, die Stoßdämpfer noch mal verbessert, die Frontscheibe vergrößert und die Lüftungsschlitze waagrecht statt senkrecht angeordnet. Fast 140 000 Mercedes 170 V wurden verkauft, ehe die Produktion 1953 eingestellt wurde – 17 Jahre nach der Premiere.

Technische Daten	
Baureihe:	W 136 L
Modell:	170 V
Bauzeit:	1947 – 1950
Motor:	Reihen-4-Zyl. Benz, M 136 L
Motorbaumuster:	136.920
Ventile:	SV
ccm:	1697
B x H:	73,5 x 100 mm
Leistung:	38 PS bei 3600/min
Drehmoment:	10 mkg bei 1800/min
Gemischaufb.:	Solex 30 BFLVS
Getriebe:	4V, 1R, Mittelschaltung
Achskonstr. vorne:	je 1 Querfeder oben u. unten
Achskonstr. hinten:	Pendel-Schwingachse
Bremsen:	Trommel v/h
Höchstgeschw.:	108 km/h
Leergewicht:	1160 kg
Reifen/Felgen:	3.50 D x 16/5.50-16 4PR
Radstand:	2845 mm
Spur v/h:	1310/1296 mm
L x B x H:	4285 x 1580 x 1610 mm

Porsche 356 Gmünd Coupé

Namen sagen manchmal viel aus über die Modelle, die sich dahinter verbergen. So ist das auch beim Porsche 356 „Nr.1 Roadster“: Er war das erste Fahrzeug, das von Porsche überhaupt gebaut wurde, und er war die Konstruktionsgrundlage für den Porsche 356, das erste Serienmodell von Porsche. Im Juli 1947 begannen die Arbeiten an diesem Wagen unter der Leitung von Ferdinand „Ferry“ Anton Ernst Porsche (Vater Ferdinand Porsche, aus dessen Konstruktionsbüro die Marke Porsche hervorging, saß damals in 22-monatiger Haft) im Werk in Gmünd, Österreich, wohin Porsche kurz vor Ende des Zweiten Weltkriegs ausgewichen war. Ein Großteil der technischen Komponenten des ersten Porsches stammte vom VW Käfer: Ferry Porsche hatte ein Abkommen mit dem damaligen VW-Generaldirektor Heinrich Nordhoff geschlossen, wonach Porsche eine Lizenzgebühr von fünf Mark pro verkauftem Käfer bekam, dazu Käfer-Teile für den Bau des eigenen Wagens und noch dessen Vertrieb über VW-Händler. Der erste Porsche bestand aus einem Stahl-Gitterrohrrahmen samt Fahrwerk des Käfers und fuhr mit einem Käfer-Motor, den Porsche allerdings von den ursprünglich 24,5 PS auf immerhin 35 PS tunte. Dazu montierte Porsche eine Karosserie aus Aluminium. Am 8. Juni 1948 schließlich startete der Prototyp zur Jungfernfahrt, der nur 585 Kilogramm schwere Roadster erreichte dabei eine Höchstgeschwindigkeit von 140 km/h. Später wurde der Wagen für einen Preis von 7000 Schweizer Franken an den ersten Porsche-Kunden verkauft, der Erlös wurde in den Bau neuer Sport- und Rennwagen investiert. Die Sportwagenmarke Porsche war nach ihrer Geburt 1931 nun endgültig in der Welt angekommen.

Technische Daten	
Baureihe:	Porsche 356 Gmünd
Modell:	Coupé/Cabriolet
Bauzeit:	Juni 1948 – Februar 1951, Cabriolet Februar 1949 – März 1951
Motor:	4 Zyl. Boxer
Ventile:	Zweiventiler, zentrale Nockenwelle, V-förmig hängende Ventile
ccm:	1068/1131
B x H:	73,5 x 64; 75 x 64 mm
Leistung:	40 PS (29 kW)/4000
Drehmoment:	nicht angegeben
Gemischaufb.:	Zwei Fallstrom-Vergaser Solex 26 VFI
Getriebe:	4V, 1R
Bremsen:	Trommel v/h
Höchstgeschw.:	140 km/h
Leergewicht:	780 kg, Cabriolet 800 kg
Reifen/Felgen:	5,00 – 16 / 3,00 x 16 Zoll
Radstand:	2100 mm
Spur v/h:	1290/1250 mm
L x B x H:	3880 x 1666 x 1300 mm

Ford Taunus

Der Markenname Ford war nach dem Zweiten Weltkrieg erst einmal lange tabu für die deutschen Ford-Werke in Köln. Die amerikanische Konzernmutter Ford Motor Company verbot ihrer deutschen Tochter, ihre Autos als Ford zu verkaufen. Deshalb also „Taunus". Bis 1967 hießen also alle deutschen Autos aus Köln so. Natürlich war Taunus in der Wahrnehmung der Bevölkerung ein Synonym für Ford. Den Anfang machte 1948 der G93A, eine sperrige Werksbezeichnung für ein Auto, das alle Welt „Buckeltaunus" nannte. Es war die Wiederauflage eines bereits 1939 eingeführten Modells, das bis 1942 gut 7000 Mal vom Band lief. In seinem zweiten Leben schaffte der Buckeltaunus es bis 1952 immerhin noch auf zusätzliche 76 590 Exemplare. Sie wurden angetrieben von einem 1,2-Liter-Vierzylindermotor mit 34 PS, der es bis auf 105 km/h brachte. Außer den zweitürigen Limousinen gab es auch noch eine Kombiversion und für Liebhaber der frischen Luft beim Fahren ein Cabrio, wahlweise als Zwei- oder als Viersitzer. 1949 legte die Firma eine „Spezial"-Version auf. Sie bot dem Käufer als Gegenleistung für einen höheren Preis mehr Chromschmuck, stabilere Stoßstangen und eine automatische Beleuchtung, nicht nur innen, sondern auch im Kofferraum und unter der Motorhaube. Zudem war der Taunus Spezial nicht nur im standardmäßigen Grau, sondern auch in vier anderen Farben zu haben. Den Höhepunkt der Modellreihe bildete der 1951 und 1952 gebaute „De Luxe". Nun war der Buckeltaunus tiefer gelegt und lag so besser auf der Straße. Zudem war die gebogene Windschutzscheibe nun nicht mehr in der Mitte geteilt, sondern durchgehend. Doch dann war die Zeit für einen neu konstruierten Taunus gekommen.

Technische Daten	
Baureihe:	Ford
Modell:	Taunus
Bauzeit:	1948 – 1951
Motor:	4-Zyl.-Reihe
Ventile:	seitlich stehend; seitliche Nockenwelle; Antrieb Stirnräder
ccm:	1172
B x H:	63,5 x 92,5
Leistung:	34 PS bei 4250/min
Antrieb:	Hinterräder
Gemischaufb.:	1 Fallstromvergaser; Solex 26 VFJ
Getriebe:	3-Gang
Bremsen:	Trommel; hydraulisch
Höchstgeschw.:	105 km/h
Leergewicht:	900 – 935 kg
Reifen/Felgen:	5,00, 5,25 oder 5,50-16; 3,25 oder 3,50D x 16
Radstand:	2387 mm
Spur v/h:	1186; 1220 mm
L x B x H:	4080 x 1485 x 1600 mm

Goliath GP 700

Der Name Goliath stand schon vor dem Krieg für Dreiradtransporter. Auch nach dem Krieg machte die zum Borgward-Konzern gehörende Goliath GmbH zunächst in diesem Bereich auf sich aufmerksam. 1949 brachte sie den GD 750 auf den Markt, der sich schnell großer Beliebtheit erfreute. 1950 wagte man sich dann auch in den Markt für Personenkraftwagen. Der GP 700 kam in den Handel, ein Kleinwagen mit einem Zweizylinder-Zweitaktmotor. Aus 700 Kubikzentimetern schöpfte der GP 700 immerhin 24 PS. Das reichte für eine Höchstgeschwindigkeit von 100 km/h. Kurze Zeit später kam dann die E-Version heraus. Sie verfügte über einen Einspritzmotor, was damals in dieser Autoklasse revolutionär war. Die Technik kam von Bosch und brachte eine erhebliche Leistungssteigerung. Zudem ließ sich so der recht hohe Verbrauch des Zweitakters senken. Problematisch war nur, dass die Werkstätten mit der neuen Technik häufig überfordert waren und deshalb oft Einspritzer zu Vergasern umbauten. 1955 kam der GP 900 auf den Markt, der, wie der Name schon sagt, einen größeren, nämlich 900 Kubikzentimeter großen, Motor an Bord hatte und ohne Einspritzer schon 38 PS leistete. Im Design lehnte sich der Goliath an die aus dem gleichen Konzern stammende Isabella an. In dem Zweitürer fanden vier, zur Not auch fünf Personen Platz. Sie saßen dann in einer damals modernen Ganzstahlkarosserie. Das Hauptmodell war eine Limousine. Es gab aber auch in deutlich kleineren Stückzahlen ein Cabrio und einen Kombi. Bis 1957 baute Goliath mehr als 36 000 Exemplare der 700er-Version. Mit dem Erfolg des Käfer konnte der Wagen sich damit nicht messen.

Technische Daten	
Baureihe:	Goliath GP 700
Modell:	Limousine; Cabriolet; Kombi
Bauzeit:	1950 – 1957
Motor:	2-Zyl.-Reihe; wassergekühlt
Ventile:	ohne
ccm:	688
B x H:	74 x 80 mm
Leistung:	24 PS bei 4000/min
Antrieb:	Vorderräder
Gemischaufb.:	Solex-Flachstromvergaser
Getriebe:	4V, 1R, ab Dezember 1952 vollsynchronisiert; Krückstockschaltung
Bremsen:	Trommel v/h
Höchstgeschw.:	102 km/h
Leergewicht:	920 kg
Spur v/h:	1200; 1250 mm, ab 1955: 1300, 1250 mm
L x B x H:	4080 x 1500 x 1470 mm

Borgward Hansa 1500

Carl F.W. Borgward war schon vor dem Zweiten Weltkrieg ein erfolgreicher Autobauer gewesen. Den Anfang hatte er 1924 mit dem Blitzkarren, einem minimalistischen dreirädrigen Gefährt, gemacht, das bald unter dem Namen Goliath als motorisierter Transportesel auf Deutschlands Straßen allgegenwärtig war. In den dreißiger Jahren stieg Borgward auch ins Pkw-Geschäft ein. Während der Kriegsjahre jedoch musste er seine Fabriken der Rüstungswirtschaft zur Verfügung stellen. Nach Kriegsende geriet Borgward in Gefangenschaft. Doch er nutzte die Zeit, ein neues Auto zu entwerfen. 1948 wurde er freigelassen, schon 1949 rollte nach kurzer Entwicklungszeit der auf dem Genfer Autosalon vorgestellte Borgward Hansa 1500 über die Straßen. Die zwei- oder viertürige Limousine erregte aus mehreren Gründen Aufsehen. Zum einen war der 1500 das erste deutsche Nachkriegsauto mit obengesteuertem Vierzylindermotor. Die wassergekühlte 1,5-Liter-Maschine leistete 42 PS. Zum anderen war ein automatisches Strömungsgetriebe (Hansa-Matic) im Angebot. Außerdem hatte der Borgward als erstes deutsches Auto eine Pontonkarosserie, das heißt ohne aufgesetzte Kotflügel und ohne Trittbretter. Die Konstruktion ermöglichte einen breiteren Innenraum und ist heute Standard. In Deutschland war der 1500 dennoch umstritten, weil er einerseits für seinen technischen Standard gelobt, aber andererseits als zu amerikanisch abgelehnt wurde. Der 1500 verkaufte sich dennoch blendend, zu guten Teilen im Ausland. Ermutigt durch den Erfolg nahm Borgward bald auch einen Kombi, ein Cabrio und einen Pick-up des 1500 ins Programm. Borgward war auf dem Weg zurück zu alter Größe.

Technische Daten	
Baureihe:	Borgward Hansa
Modell:	1500
Bauzeit:	1949– 1952
Motor:	4-Zyl.-Reihe; wassergekühlt
Ventile:	hängend; Stirnrad
ccm:	1498
B x H:	72 x 92 mm
Leistung:	48 PS bei 4000/min
Antrieb:	Hinterräder
Gemischaufb.:	Solex-Fallstromvergaser; Sport Cabriolet: 2 Solex-Fallstromvergaser
Getriebe:	4V, 1R, dritter und vierter Gang synchronisiert; Mittel-Schaltung; ab Januar 1951: Lenkradschaltung
Bremsen:	Trommel v/h
Höchstgeschw.:	120 km/h
Leergewicht:	1110 kg
Reifen/Felgen:	5.40-15; 4½ x 15; Sport Cabrio: 4 x 15
Spur v/h::	1250; 1300 mm
L x B x H:	4450 x 1620 x 1600 mm

Awtowelo BMW 340

Eine wechselvolle Geschichte steckt hinter dem EMW 340, den seine Hersteller so gern als BMW 340 verkauft hätten. Die Fahrzeugfabrik Eisenach war 1928 von der Bayerischen Motoren Werke aufgekauft worden. Die eigene Identität endete, Eisenach war ab jetzt ein Produktionsstandort von BMW. Nach dem Zweiten Weltkrieg wurden die Bayern schnell enteignet. Vom Band liefen aber weiter die BMW-Vorkriegsmodelle, nach den Vorgaben der Planwirtschaft. Ausgeliefert wurden sie nur an Behörden. Ab 1949 waren die Autos dann auch für die wenigen Privatpersonen käuflich, die es sich leisten konnten. Es war auch das Jahr, in dem der neue „BMW 340" in Serie ging, wobei „neu" ein übertriebenes Attribut ist. Der 340 war eine Weiterentwicklung des BMW 326 von 1936 und der zweitürigen Version 321. Motorhaube und Heck wurden verändert. Vorne etwa wurde der BMW-typische Nierengrill durch einen Kühlergrill mit horizontalen Streben ersetzt. Hinten ließen die Ingenieure nun eine Kofferraumklappe montieren. Beim Vorgänger war der Stauraum nur von innen zu erreichen gewesen. Dafür musste das außen montierte Ersatzrad weichen und war fortan im Kofferraum untergebracht. Der Motor war ein Reihen-Sechszylinder mit 2 Litern Hubraum und 55 PS. Nachdem mehrere Testexemplare von einer geschickt vermarkteten 10 000-Kilometer-Probefahrt zurückgekehrt waren, begann die Serienproduktion. Zum großen Problem wurde, dass viele Zulieferer in Westdeutschland saßen und somit die Versorgung nicht immer gesichert war. Zudem setzte BMW 1951 durch, dass der 340 nicht mehr als BMW verkauft werden durfte. Aus BMW wurde EMW, bis 1955 das Ende auch für diese Marke kam. Es begann die Zeit des Wartburg.

Technische Daten	
Baureihe:	Awtowelo BMW
Modell:	340 Limousine
Bauzeit:	1949 – 1951
Motor:	6-Zyl.-Reihe
Ventile:	hängend; seitl. Nockenwelle
ccm:	1971
B x H:	66 x 96 mm
Leistung:	55 PS (40 kW) bei 3750/min
Antrieb:	Hinterräder
Gemischaufb.:	2 Fallstromvergaser; Solex 32 PBI
Getriebe:	4-Gang-Schaltgetriebe
Bremsen:	Trommeln
Höchstgeschw.:	120 km/h
Leergewicht:	1280 kg
Reifen/Felgen:	5.50-16
Radstand:	2870 mm
Spur v/h:	1300; 1400 mm
L x B x H:	4600 x 1730 x 1630 mm

DKW Meisterklasse

Die Geschichte des Kraftfahrzeugherstellers DKW begann lange, bevor Autos wie der DKW Meisterklasse präsentiert wurden: 1902, in Chemnitz, mit einem Norweger namens Jørgen Skafte Rasmussen. Er ließ mit seinem Kompagnon Carl Ernst die Firma „Rasmussen und Ernst" ins Chemnitzer Handelsregister eintragen, es wurden Dampfmaschinen, Haushaltsgeräte und dergleichen produziert. Dann ging Ernst, der Erste Weltkrieg kam, und Rasmussen begann 1917 mit der Entwicklung eines Dampfkraftwagens – von dem 1921 jedoch nichts übrig blieb außer dieser drei Buchstaben: DKW. In den 20er Jahren baute DKW unter anderem Fahrradmotoren, Kühlanlangen und Motorräder, aber auch bereits einen Prototyp des ersten DKW-Automobils. 1932 fusionierte DKW zusammen mit den Firmen Horch, Audi und Wanderer zur in Westdeutschland neu gegründeten „Auto Union". 1950 dann kam der erste PKW der Auto Union mit Zweizylinder-Zweitakt-Motor auf den Markt: der DKW Meisterklasse, von dem es bereits 1940 einen Prototypen gegeben hatte. Intern wurde der Wagen als „F89" bezeichnet, da er verschiedene Teile seiner Vorgänger trug: Das Fahrwerk und den Motor des DKW F8, dazu die Karosserie des DKW F9, nur nun aus Stahlblech gebaut. Produziert wurde der Meisterklasse bei der Firma „Rheinmetall-Borsig" in Düsseldorf – die Auto Union hatte sämtliche Produktionsanlagen nach dem Zweiten Weltkrieg an die Sowjetunion verloren. Der Meisterklasse wurde als Limousine, als Kombi Universal und als Cabrio gefertigt. Im April 1954 schließlich rollte der letzte DKW Meisterklasse vom Band, bis dahin waren mehr als 60 000 Modelle hergestellt worden.

Technische Daten	
Baureihe:	DKW
Modell:	Meisterklasse
Bauzeit:	1950 – 1954
Motor:	2-Zyl.-Reihe; Zweitakt-Vergasermotor
Ventile:	ohne
ccm:	684
B x H:	76 x 76 mm
Leistung:	23 PS bei 4200/min
Antrieb:	Frontantrieb; Motor-Getriebe-Block quer vor Vorderachse
Gemischaufb.:	1 Fallstromvergaser; Solex 32 PBJ
Getriebe:	3-Gang mit Freilauf abschaltbar
Bremsen:	Trommel; hydraulisch
Höchstgeschw.:	100 km/h
Leergewicht:	860 kg
Reifen/Felgen:	bis Juni 1952: 5.50-16; bis Juni 1952: 3,50 D x 16
Radstand:	2350 mm
Spur v/h:	1190; 1250 mm
L x B x H:	4200 x 1600 x 1450 mm

Lloyd 300

Der VW Käfer war ein erfolgreiches und auch relativ günstiges Auto in den Nachkriegsjahren. Trotzdem war er für viele Menschen, die gern ein Auto gehabt hätten, immer noch zu teuer. Der findige Ingenieur Carl Borgward reagierte. Schon vor dem Zweiten Weltkrieg hatte er mit seiner eigenen Firma im Rücken den Autohersteller Lloyd übernommen. 1950 dann brachte er den Lloyd 300 auf den Markt. Das Auto war mit 3334 DM günstiger als der Käfer und eine vierrädrige Alternative zum Motorrad. Die Karosserie bestand, wegen des Kostendrucks und der Materialknappheit, aus einem Hartholzgerippe, das mit Sperrholz verkleidet und schließlich mit Kunstleder überspannt wurde. Dem nur 3,20 Meter langen Gefährt war damit der Spott der Bevölkerung sicher. Schnell hatte es den Spitznamen „Leukoplastbomber". Zudem kursierte der Spruch: „Wer den Tod nicht scheut, fährt Lloyd". Angetrieben wurde das Auto von einem luftgekühlten Zweizylindermotor mit 300 Kubikzentimetern. Daraus entfaltete er eine Leistung von 10 PS und eine Höchstgeschwindigkeit von 70 km/h. 1953 kam der Lloyd 400 auf den Markt, mit 100 Kubikzentimeter mehr und zusätzlichen 3 PS. Nun war auch die Karosserie ein wenig eleganter als bei der ersten Version. Die Holzelemente wurden nach und nach durch Stahl ersetzt. Dadurch stieg das Gewicht, und das Kernproblem des Lloyd verschärfte sich: die sparsame Motorisierung. Besonders an Berghängen konnte das Vorankommen zur Qual werden. Diese Qual bestand nicht nur aus einer psychisch anstrengenden Geduldsprobe. Sie hatte auch einen physischen Aspekt: das Heulen des Motors in den Ohren. Dennoch hatte Borgward mit dem in Bremen gebauten Lloyd eine lukrative Nische gefunden.

Technische Daten	
Baureihe:	Lloyd
Modell:	LP, LC, LK und LS 300
Bauzeit:	1950 – 1952
Motor:	2-Zyl.-Reihe; luftgekühlt
Ventile:	ohne
ccm:	293
B x H:	54 x 64 mm
Leistung:	10 PS bei 4000/min
Antrieb:	Vorderräder
Gemischaufb.:	1 Solex-Flachstromvergaser
Getriebe:	3V, 1R, unsynchronisiert; Krückstockschaltung
Bremsen:	Trommel v/h
Höchstgeschw.:	70 km/h
Leergewicht:	475 kg (Lim.); 485 kg (Kombi)
Reifen/Felgen:	4.00-15 oder 4.25-15 2,50 x 15
Spur v/h:	1050; 1050 mm
L x B x H:	3200 x 1320 x 1360 mm

Mercedes 300

Es gibt eine schöne Geschichte zum Mercedes-Benz 300: Der Wagen war zugleich das Dienstfahrzeug des damaligen Bundeskanzlers Konrad Adenauer, und man erzählt sich, Adenauer habe dieses Modell deshalb ausgewählt, weil es das einzige deutsche Auto war, in dem er mit Hut ein- und aussteigen konnte. Der Mercedes 300 wurde deshalb im Volksmund „Adenauer-Mercedes" genannt, und das passt ja auch: Der 300 war die erste große Repräsentationslimousine von Mercedes nach dem Zweiten Weltkrieg. Der 300er wurde 1951 präsentiert, ihm folgten nacheinander der 300b, der 300c und der 300d. Der 300c war sogar auf Wunsch auch mit Automatik-Getriebe lieferbar, gegen einen Aufpreis von 1500 DM. Der 300er wurde als Limousine und als Cabriolet gebaut, wobei das Cabrio etwas anders aussah wie die heutigen Modelle ohne Dach: Die Fahrerkabine hatte ein festes Dach, lediglich die Bedeckung der hinteren Kabine konnte weggeklappt werden. Das auffälligste Merkmal des 300ers war der markante hintere Teil: Ein protziges, abgerundetes Heck mit einer rund geformten Heckscheibe. Erst der 300d brach mit dieser Regelung; zudem bekam er als erster Mercedes-Benz einen Serienmotor mit Benzin-Einspritzung. Der 300er war kein leichtes Fahrzeug, er war schwer und behäbig – weshalb die Motoren eine ordentliche Leistung erbringen mussten: Sie schafften immerhin zwischen 115 und 125 PS, der 300d sogar 160 PS. Am häufigsten wurde der 300d produziert: Rund 3100 Stück liefen vom Band. Der 300d wurde auch am längsten hergestellt: von 1957 bis 1962. Für Konrad Adenauer, der 14 Jahre lang Bundeskanzler war, eine geradezu lächerlich kurze Zeitspanne.

Technische Daten	
Baureihe:	W 186 II
Modell:	300
Bauzeit:	1951 – 1954
Motor:	Reihen-6-Zyl. M 186 I
Motorbaumuster:	186.920
Ventile:	ohc
ccm:	2996
B x H:	85 x 88 mm
Leistung:	115 PS bei 4600/min
Drehmoment:	20 mkg bei 2500/min
Gemischaufb.:	2 Fallstromvergaser Solex 40 PBJC
Getriebe:	4V, 1R, Lenkradschaltung
Achskonstr. vorne:	Doppel-Querlenker
Achskonstr. hinten:	Pendel-Schwingachse
Bremsen:	Trommel v/h
Höchstgeschw.:	155 km/h
Leergewicht:	1770 kg
Reifen/Felgen:	5 K x 15/7.10-15 extra 6PR
Radstand:	3050 mm
Spur v/h:	1480/1525 mm
L x B x H:	4950 x 1838 x 1600 mm

Ford Taunus 12M

Eine echte Sensation auf dem deutschen Automarkt gelang den deutschen Ford-Werken 1952 mit der Vorstellung des ersten nach Kriegsende neu konstruierten Wagens. Der Taunus 12M revolutionierte die untere Mittelklasse. Er war mit einer modernen selbsttragenden Pontonkarosserie konstruiert, das heißt ohne Trittbretter und ohne aufgesetzte Kotflügel. Zudem überraschte er auf dem deutschen Markt durch seine deutlich amerikanisierte Linienführung und die Wölbung in der Mitte der Motorhaube, mit der die Ingenieure sich am Flugzeugbau orientiert hatten. Dem stilisierten Globus vorne auf dem Emblem verdankte der 12M seinen Spitznamen „Weltkugeltaunus". Eine technische Neuheit war die Einzelradaufhängung vorne. Veraltet war zu Beginn allein der schon aus dem Vorgängermodell „Buckeltaunus" bekannte Vierzylindermotor, der es nun im 12M aber immerhin auf 38 statt 34 PS brachte. Das reichte für eine Höchstgeschwindigkeit von 112 Km/h. Die zweitürige Limousine kostete 7535 DM. Ab 1953 war zusätzlich ein Kombi im Angebot. Die Firma Deutsch bot auch eine Cabrioversion an. Die Bosse der Fordwerke waren sich des Schwachpunktes bei der Motorisierung bewusst. Deshalb legte man Anfang 1955 nach. Nun rollte der Taunus 15M über die Straßen, mit einem, wie der Name schon andeutete, 1,5-Litermotor, der eine stattliche Leistungssteigerung auf 55 PS mit sich brachte. Nun lief der „Weltkugeltaunus" schon bis zu 128 km/h schnell. Auch dank einer ausgeklügelten Werbekampagne wurde das Modell zum Erfolg für die deutschen Fordwerke. Die drei Millionen DM, die das Unternehmen in die Entwicklung des Taunus 12M gesteckt hatte, machten sich bezahlt. Erst 1962 lief die Reihe aus.

Technische Daten	
Baureihe:	Ford
Modell:	Taunus 12 M
Bauzeit:	1952 – 1959
Motor:	4-Zyl.-Reihe
Ventile:	seitl. stehend; Stößel; seitl. Nockenwelle; Antrieb Stirnräder
ccm:	1172
B x H:	63,5 x 92,5
Leistung:	38 PS bei 4250/min
Antrieb:	Hinterräder
Gemischaufb.:	1 Fallstromvergaser; Solex 28 VFJS
Getriebe:	3-Gang; 4-Gang
Bremsen:	Trommel; hydraulisch
Höchstgeschw.:	Kombi 112 km/h; Limousine 105 km/h
Leergewicht:	850 kg
Reifen/Felgen:	Kombi 1953-54: 6,40 -13; Kombi 1957-59: 5,90-13 Limousine 5,60 oder 5,90-13
Radstand:	2489 mm
Spur v/h:	1220; 1220 mm
L x B x H:	4060 x 1580 x 1550 mm

BMW 501

Der dunkelgrüne BMW 501 mit dem Münchner Kennzeichen „M-7173" war der Star unter den BMWs der Fünfziger und Sechziger: Er war eine von weltweit 51 Sonderanfertigungen für die Münchner Polizei – und er wurde der Streifenwagen der legendären TV-Serie „Funkstreife Isar 12". Drei Jahre lang gingen Polizeimeister Huber, Hauptwachtmeister Dambrowski und Wachtmeister Resch im 501 auf Verbrecherjagd in München. Da war er schon neun Jahre alt: Der 501 war auf der Internationalen Automobilausstellung 1951 als erstes BMW-Modell nach Kriegsende präsentiert worden. Ein feinfühliges Fahrwerk, vier vollsynchronisierte Gänge, ein ungewöhnlich weich gelagertes Triebwerk – der 501 bekam viel Applaus. Und einen Spitznamen: Wegen seiner schwungvollen Form wurde er „Barockengel" genannt. Drei Jahre nach der Vorstellung des 501 wurde auch der 502 beim Genfer Autosalon 1954 präsentiert – und mit ihm der erste serienmäßige Leichtmetallmotor der Welt sowie der erste deutsche Achtzylinder der Nachkriegsgeschichte. Die Fachzeitschrift „Motor-Revue" schrieb damals: „Der neue Leichtbau V-Achtzylinder von BMW dürfte die bisher glücklichste Synthese der Automobilbau-Kunst diesseits und jenseits des großen Teiches sein." Allerdings war es keine leichte Zeit für BMW: Wegen der hohen Produktionskosten waren der 501 und der 502 für die damalige Zeit verhältnismäßig teuer(zwischen 11 500 und 22 000 DM), so dass während ihrer zwölfjährigen Bauzeit lediglich 23 000 Exemplare verkauft wurden. BMW wäre gar beinahe von Daimler-Benz übernommen worden – was Hauptaktionär Quandt schließlich verhinderte. Dem Kultstatus der BMW 501 und 502 tat dies jedoch keinen Abbruch.

Technische Daten	
Baureihe:	BMW 501
Modell:	501
Bauzeit:	1952 – 1954
Motor:	6 Zylinderreihe, wassergekühlt
Ventilsteuerung:	hängend, seitl. Nockenw.
ccm:	1971
B x H:	66 x 96 mm
Leistung:	65 PS/4400
Antrieb:	Hinterräder
Gemischaufb.:	1 Doppel-Fallstromvergaser Solex 30 PAAJ
Getriebe:	4V, 1R, Lenkradschaltung
Bremsen:	hydr. Trommel v/h
Höchstgeschw.:	135 km/h
Leergewicht:	1340 kg
Reifen/Felgen:	5,50 – 16
Radstand:	2865 mm
Spur v/h:	1322/1408 mm
L x B x H:	4730 x 1780 x 1530 mm

VW Käfer 1200

1953 war das Jahr, in dem der Käfer die nächste Stufe seines unaufhaltsamen Aufstiegs erklomm. Die ersten Cabriolets fuhren über die Straßen. Und am 3. Juli lief der 500 000. Käfer vom Band. Drei Monate zuvor war die Brezel abgeschafft worden: Das zuvor durch einen Mittelsteg geteilte Heckfenster wurde durch ein größeres Ovalfenster ersetzt. Liebhaber nennen das Modell deshalb heute folgerichtig „Ovali". Es waren die Jahre, in denen ständig kleine Neuerungen eingeführt wurden. Es waren notwendige Neuerungen – schon 1948 war der damalige VW-Chef Heinrich Nordhoff zitiert worden, man baue da ein Auto, „das so viele Fehler wie ein Hund Flöhe hat". VW war ein Konzern im Lernprozess. Im Januar 1954 verordneten die Ingenieure dem Auto eine Leistungssteigerung. Der verbesserte Vierzylinder-Motor brachte es auf 30 PS, erzeugt aus 1192 Kubikzentimetern Hubraum. Damit kam das Auto auf eine Höchstgeschwindigkeit von 110 km/h. Von 0 auf 100 km/h schaffte er es nun schon in 38 Sekunden, eine Verbesserung um immerhin 12 Sekunden. Das Standardmodell kostete 3950 DM, das besser ausgestattete Exportmodell 4850 DM. Für den Aufpreis bekamen die Kunden eine modifizierte Übersetzung, mehr Chrom und bessere Bremsen. Das Konzept des Käfer war deshalb so erfolgreich, weil das robuste Allzweckauto auch für Menschen mit mittlerem Einkommen finanzierbar war und in dieser Gruppe schnell zum Statussymbol aufstieg. Am 5. August 1955 war die Schallmauer durchbrochen: Der 1 000 000. Käfer rollte aus dem Werk. Der Begriff „Käfer" stammte übrigens aus den USA. Die „New York Times" schrieb schon 1938 vom Auto, das aussehe wie ein „beetle".

Technische Daten	
Baureihe:	VW Käfer
Modell:	Standard/Export Lim. 1200 (ovales Fenster)
Bauzeit:	1953 – 1957
Motor:	4-Zylinder Boxer; luftgekühlt
Ventile:	ohv; zentrale Nockenwelle
ccm:	1131 (ab 1954: 1192)
B x H:	75 x 64 mm (ab 1954: 77 x 64 mm)
Leistung:	25 PS bei 3300/min; ab 1954: 30 PS bei 3400/min)
Antrieb:	Hinterräder
Gemischaufb.:	1 Solex-Vergaser
Getriebe:	4V
Bremsen:	mechan. (Export: hydr.); Trommel v/h
Höchstgeschw.:	105 km/h; ab 1954: 110 km/h
Leergewicht:	730 – 750 kg
Reifen/Felgen:	5.60 x 15
Radstand:	2400 mm
L x B x H:	4070 x 1540 x 1500 mm

Mercedes 180

Der Mercedes 180 war bei seinem Erscheinen 1953 eine kleine Sensation: Er war der erste Mercedes mit selbsttragender Karosserie. Zugleich verwendete Mercedes erstmals die „Pontonkarosserie", die aus ursprünglich glatten Seitenteilen besteht, jedoch ohne aufgesetzte Kotflügel und Trittbretter konstruiert ist und somit einen weitaus größeren Innenraum ermöglicht als frühere Karosserieformen. Der Mercedes 180 trug deshalb auch den Spitznamen „Ponton-Mercedes" – wenngleich die konservative Kundschaft der Autofirma die technische Neuerung nicht durchweg mit Beifall honorierte. Dabei gab es an der Technik wenig auszusetzen: Die Karosserie bot erstmals eine Knautschzone und damit mehr Sicherheit. 1954 wurde außerdem der 180 D eingeführt – eine Dieselversion, die den Siegeszug der Dieselmotoren mit begründete. Der 180 wurde zunächst noch bis 1957 produziert, der 180 D bis 1959 – bereits 1956 aber kam der Nachfolger auf den Markt: der Mercedes 190. Er war etwas oberhalb des 180 angesiedelt; in der Karosserie bestanden zwar wenig Unterschiede, dafür aber erhielt der 190 einen etwas besseren Motor. Während der 180 die ersten Jahre mit einem verhältnismäßig schwachen 52-PS-Motor fuhr, trat der 190 von Anfang an mit einem völlig neuen Vierzylindermotor an, der mit 75 PS stolze 140 km/h Höchstgeschwindigkeit erlaubte. Zudem war der 190 mit stärkeren Bremsen und einer etwas breiteren Kühlermaske ausgestattet, und war auch mit mehr Chrom verziert. 1959 folgten noch einmal erneuerte Versionen des 180 und des 190, bei denen als größter Unterschied die nun nicht mehr vorhandenen „Hörnchen" auf den Stoßstangen auffielen. Beide Fahrzeuge liefen 1961 schließlich letztmals vom Band.

Technische Daten	
Baureihe:	W 120 B I
Modell:	180
Bauzeit:	1953 – 1957
Motor:	Reihen-4-Zyl. Benziner M 136 VII
Motorbaumuster:	136.925
Ventile:	SV
ccm:	1767
B x H:	75 x 100 mm
Leistung:	52 PS bei 4000/min
Drehmoment:	11,4 mkg bei 1800/min
Gemischaufb.:	Solex 32 PICB
Getriebe:	4V, 1R, Lenkradschaltung
Achskonstr. vorne:	Doppel-Querlenker
Achskonstr. hinten:	Pendel-Schwingachse
Bremsen:	Trommel v/h
Höchstgeschw.:	126 km/h
Leergewicht:	1150 kg
Reifen/Felgen:	4,5 K x 13/6.40-13 4PR
Radstand:	2650 mm
Spur v/h:	1420/1450 mm
L x B x H:	4460 x 1740 x 1560 mm

Messerschmitt Kabinenroller KR 175

Jedes Fahrzeug hat eine Bedienungsanleitung, und beim Messerschmitt Kabinenroller empfahl sich schon vor dem Einsteigen ein Blick in die Beschreibung: „Überzeugen Sie sich, ob rechts des Fahrzeugs auch genügend Platz ist. Haube langsam anheben und nach rechts überkippen, bis Lederriemen straff gespannt ist. Nun wie folgt Platz nehmen: Sitz hochschwenken, Lenkung leicht nach rechts einschlagen, rechten Fuß in Fahrzeugmitte setzen, Platz nehmen, linken Fuß hineinsetzen, beide Füße noch vorn setzen. Jetzt erst mit beiden Händen an den schrägen seitlichen Rahmenrohren abstützen und Sitz nach vorne schwenken lassen." Der Messerschmitt Kabinenroller war ja – wie der Name schon vermuten lässt – auch kein gewöhnliches Fahrzeug: Er war ein Rollermobil, das über drei Räder verfügte und zwei hintereinander angeordnete Sitze, so dass sich ein aerodynamisch geformter, schlanker Fahrzeugkörper ergab. Im Frühjahr 1953 wurde der intern als „KR 175" bezeichnete Kabinenroller auf dem Genfer Autosalon präsentiert, im selben Jahr startete die Serienproduktion im Werk Regensburg. Per Lenkung, einer Art Motorradlenker mit Drehgasgriff, wurden die beiden Vorderräder gesteuert, das Hinterrad wurde von einem Einzylinder-Motor im Heck des Mobils angetrieben, der mit 9 PS für 80 km/h Höchstgeschwindigkeit sorgte. Eine Besonderheit des Motors war die Art, rückwärts zu fahren: Der Motor wurde einfach in die umgekehrte Richtung angelassen, so dass man in beide Richtungen gleich schnell fahren konnte. Knapp 12 000 Stück wurden verkauft, zu einem Anfangspreis von 2100 DM. Aufgrund seiner gebogenen Plexiglashaube erhielt der Kabinenroller auch einen Spitznamen: „Scheewittchensarg".

Technische Daten	
Baureihe:	Messerschmitt Kabinenroller
Modell:	KR 175
Bauzeit:	1953 – 1954
Motor:	Fichtel & Sachs Zweitaktmotor
Ventile:	ohne
ccm:	173
B x H:	65 x 58 mm
Leistung:	10,9 PS bei 5250/min
Drehmoment:	1,3 mkg bei 4000/min
Antrieb:	Rollenkette
Gemischaufb.:	1 Schrägdüsenvergaser; Bing 24
Getriebe:	4-Gang
Bremsen:	Trommel
Höchstgeschw.:	78 km/h
Leergewicht:	360 kg
Reifen/Felgen:	4,00-8; 2,45-8
Radstand:	2030 mm
Spur v/h:	920; 1 Rad mm
L x B x H:	2820 x 1220 x 1200 mm

Borgward Isabella

Nachdem Borgward mit dem 1500 einen guten Start in die Nachkriegszeit hingelegt hatte, gelang der Firma 1954 mit dem Nachfolgemodell der ganz große Wurf: die Isabella. Auch hier kam wieder eine Pontonkarosserie zum Einsatz. Die Designer hatten den Wagen nach amerikanischem Vorbild mit weichen Linien gezeichnet und schmückendes Chrom eingeplant. Gleichzeitig bediente die Isabella aber die europäischen Bedürfnisse nach kompakten Abmessungen. Maßstäbe setzte Borgward auch mit dem neu entwickelten 1,5-Liter-Motor, der mit 60 PS in für damalige Verhältnisse sehr guten 25 Sekunden von 0 auf 100 km/h beschleunigte und zudem durch seine Elastizität und Sparsamkeit überzeugte. Die ab 1955 erhältliche TS-Version mit 75 PS ging schon als veritabler Sportwagen durch. Sie schaffte es bis auf 150 km/h. Zwar dauerte es drei Jahre, bis die Kinderkrankheiten der Isabella kuriert waren. Doch das tat dem Erfolg keinen Abbruch. Borgward verkaufte die Isabella bis zum Konkurs der Firma 1961 über 200 000-mal, viele davon in den USA. Besonders beliebt war das Cabriolet, das eigentlich als Sonderanfertigung für die Frau des Firmenpatriarchen gebaut worden war, aber dann wegen des großen Zuspruchs in Serie ging. Es wurde einer der Traumwagen der Wirtschaftswunderzeit. Das Ende des Borgward-Imperiums kam jäh. Der Firmengründer war zwar ein unbestritten innovativer Ingenieur. Als Kaufmann hingegen war er weniger begabt, erwies sich bei wichtigen Entscheidungen aber trotzdem als beratungsresistent. 1960 wurde klar, dass die Kapitaldecke zu dünn war. Die Bremer Bürgerschaft sprang in die Bresche, konnte aber das Ende von Borgward nicht verhindern.

Technische Daten	
Baureihe:	Borgward Hansa
Modell:	1500 Isabella
Bauzeit:	1954 – 1962
Motor:	4-Zyl.-Reihe; wassergekühlt
Ventile:	hängend; Stirnrad
ccm:	1493
B x H:	75 x 84,5 mm
Leistung:	60 PS bei 4700/min
Antrieb:	Hinterräder
Gemischaufb.:	Solex-Fallstromvergaser
Getriebe:	4V, 1R, vollsynchronisiert; Lenkradschaltung
Bremsen:	Trommel v/h
Höchstgeschw.:	135 km/h
Leergewicht:	1040 kg
Reifen/Felgen:	5.90-13; 4J/13, ab 1955 4½J/13
Spur v/h:	1336; 1360 mm
L x B x H:	4390 x 1705 x 1480 mm

Genau genommen war der Mercedes 300 SL keine Neuheit, als er 1954 auf der „International Motor Sports Show" in New York vorgestellt wurde: Er war ja bereits seit 1952 im Motorsport unterwegs. Mercedes-Benz hatte sich allerdings entschieden, den 300 SL von 1954 bis 1957 als Coupé mit Flügeltüren und von 1957 bis 1963 als Roadster für den Straßenverkehr zu produzieren. Die Zahl „300" stand dabei für ein Zehntel des Hubraums in Kubikzentimeter, die Buchstaben „SL" für „Sport Leicht". Letzteres bezog sich vor allem auf den Rahmen, denn die Konstrukteure verwendeten, um Gewicht zu sparen, einen leichten, aus sehr dünnen Rohren zu lauter Dreiecken zusammengesetzten Gitterrohrrahmen, der nur 50 Kilogramm wog. Eine weitere Besonderheit war der Sechszylinder-Motor: Er wurde schräg eingebaut, im 50-Grad-Winkel nach links liegend. Mit seinen 215 PS beschleunigte er den Wagen von null auf hundert in zehn Sekunden und erlaubte stolze 260 km/h Höchstgeschwindigkeit. Durch die Lage des Motors und durch die angestrebte Windschlüpfrigkeit entstand ein sehr niedriger und aerodynamisch geformter Wagenkörper. Auch aufgrund seiner ästhetischen Optik war der 300 SL ein besonders in der High Society beliebter Wagen: Käufer waren unter anderem die Schauspieler Sophia Loren, Curd Jürgens, Gina Lollobrigida, Zsa Zsa Gabor, Romy Schneider und Clark Gable, sowie König Hussein von Jordanien, Argentiniens Präsident Juan Perón, Verleger Henri Nannen und Rennlegende Juan Manuel Fangio. Der 300 SL war eben schon zu seiner Zeit legendär – nicht umsonst wurde er 1999 von der Oldtimer-Zeitschrift „Motor Klassik" zum „Sportwagen des Jahrhunderts" gewählt.

Technische Daten	
Baureihe:	W 198 I
Modell:	300 SL Coupé
Bauzeit:	1954 – 1957
Motor:	Reihen-6-Zyl. Benziner M 198 I
Motorbaumuster:	198.980
Ventile:	ohc
ccm:	2996
B x H:	85 x 88 mm
Leistung:	215 PS bei 5800/min
Drehmoment:	28 mkg bei 4600/min
Gemischaufb.:	6-Stempel-Einspritzpumpe, Direkteinspritzung
Getriebe:	4V, 1R, Mittelschaltung
Achskonstr. vorne:	Doppel-Querlenker
Achskonstr. hinten:	Pendel-Schwingachse
Bremsen:	Trommel v/h
Höchstgeschw.:	235 – 260 km/h (je nach HA-Übersetzung)
Leergewicht:	1295 kg
Reifen/Felgen:	5 K x 15/6.50-15 Racing
Radstand:	2400 mm
Spur v/h:	1385/1435 mm
L x B x H:	4520 x 1790 x 1300 mm

Mercedes 300 SL

Porsche 1500 Speedster

Heute ist das unvorstellbar, aber anfangs war bei Porsche noch alles manuelle Kunst: Die ersten 50 Modelle wurden im österreichischen Gmünd in reiner Handarbeit gefertigt. 1950 dann zog Porsche zurück nach Stuttgart-Zuffenhausen, im selben Jahr wurde die Modellpalette des Porsche 356 erweitert: Das Coupé wurde präsentiert. Die ersten Versionen des 356 hatten noch viel vom VW Käfer in sich, doch während der Produktionszeit entwickelte sich der Ur-Porsche stetig weiter. Und so entfernten sich auch die Motoren immer mehr vom Original – einem leistungsgesteigerten Käfer-Motor – bis hin zum Zwei-Liter-Carrera-Motor mit obenliegenden Nockenwellen und 130 PS. Das 356 1100 Coupé aber fuhr zunächst noch mit dem Käfer-Motor mit 1089 Kubikzentimeter Hubraum, 40 PS und einer Höchstgeschwindigkeit von 140 km/h. Typisch für die ersten 356er-Modelle war die zweigeteilte Windschutzscheibe aus Sekuritglas mit Mittelsteg, wobei ab 1952 die Scheibe nur noch aus einem Teil bestand, dafür aber einen Knick in der Mitte hatte. Serienmäßig war zudem eine durchgehende Sitzbank für Fahrer und Beifahrer, Einzelsitze waren nur auf Wunsch erhältlich. 1954 kam der Speedster hinzu, ein offener Sportwagen mit flacher Windschutzscheibe und einem voll versenkbaren Verdeck, das niedriger lag als beim Cabrio. Er wurde mit dem 1500- oder dem 1500-S-Motor geliefert, die Türen hatten Steckfenster statt Kurbelfenster. Seinen sportlichen Anspruch unterstrichen die Schalensitze – und auch der Preis: Ab Werk kostete der Speedster damals beachtliche 12 200 DM.

Technische Daten	
Baureihe:	Porsche 356 1500
Modell:	Coupé/Cabriolet/Speedster
Bauzeit:	Oktober 1951 – September 1955 Speedster ab November 1954
Motor:	4 Zyl. Boxer
Ventile:	Zweiventiler, zentrale Nockenwelle, V-förmig hängende Ventile
ccm:	1488
B x H:	80 x 74 mm
Leistung:	60 PS (44 kW)/4800 ab September 1952 55 PS (40 kW)/4400
Drehmoment:	100 Nm bei 3250 ab September 1952 103 Nm bei 2500
Gemischaufb.:	Zwei Fallstrom-Vergaser Solex 32 PBI
Getriebe:	4V, 1R
Bremsen:	Trommel v/h
Höchstgeschw.:	160 km/h
0 – 100 km/h	17,0 sec.
Leergewicht:	810 kg, Cabriolet 830 kg
Reifen/Felgen:	5,00 – 16 / 3,25 x 16 Zoll
Radstand:	2100 mm
Spur v/h:	1290/1250 mm
L x B x H:	3950 x 1660 x 1300 mm

Goggomobil T 250

Limousine, das klingt nach Eleganz, nach Größe und Geräumigkeit. Im Falle der Limousine der im niederbayerischen Dingolfing ansässigen Firma Glas aber hätte man etwas spöttisch behaupten können: Bei der Goggomobil T250 Limousine ist der Name größer als das Auto - zumal der Wagen 1954 ausgerechnet auf der Internationalen Fahrrad- und Motorradausstellung vorgestellt wurde. Doch der Trend dieser Messe ging damals stark zu Kleinstfahrzeugen, und überhaupt: Das Goggomobil hat alles andere als Spott verdient, es ist heute ein Kultwagen mit Seltenheitswert. Und zu seiner Zeit war das Goggomobil ein beliebtes Auto, das mit Preisen zwischen 3000 und 4000 DM relativ günstig war – bis zur Produktionseinstellung 1969 wurde die Limousine in drei verschiedenen Motorisierungen (T250, T300, T400) mehr als 200 000 Mal gebaut. Die erste Limousine, die T250, verfügte über zwei Türen, vier Sitze, einen Zweizylinder-Zweitakt-Motor mit 13,6 PS und einer Höchstgeschwindigkeit von 74 km/h, ein Vierganggetriebe mit Klauenschaltung, Hinterradantrieb, Einzelradaufhängung vorne und hinten, sowie über hydraulische Vierrad-Trommelbremsen. Doch die Größe ist es, die der Goggomobil-Limousine ihren Kultstatus verleiht: 290 Zentimeter Länge, 126 Zentimeter Breite und 131 Zentimeter Höhe. Ab 1957 wurde die Limousine dann mit etwas mehr Komfort ausgestattet: mit einem zweiten Scheibenwischer und Kurbel- statt Schiebefenstern. Gerade solche Details sind der Grund für die Beliebtheit der Goggomobil Limousine unter Sammlern – als Autofan muss man sich einfach in dieses Auto verlieben.

Technische Daten	
Baureihe:	Goggomobil
Modell:	T 250 Limousine
Bauzeit:	1955 – 1969
Motor:	Zweitakt-Zweizylinder (Twin)
Ventile:	ohne
ccm:	247
B x H:	53 x 56 mm
Leistung:	13,6 PS bei 5400/min
Antrieb:	Hecktriebblock; Motor-Getriebe-Block quer hinter Hinterachse
Gemischaufb.:	1 Schrägdüsenvergaser; Bing 1/24
Getriebe:	4-Gang
Bremsen:	Trommel; hydraulisch
Höchstgeschw.:	72 km/h
Leergewicht:	435 kg
Reifen/Felgen:	4.40-10; 3,00 D x 10
Radstand:	1800 mm
Spur v/h:	1090; 1090 mm
L x B x H:	3035 x 1370 x 1235 mm

DKW 3=6

Der 1955 vorgestellte DKW 3=6 hatte vor allem eines: einen merkwürdigen Namen. Die Entwickler waren der Ansicht, ein Dreizylinder-Zweitakt-Motor sei im Grunde vergleichbar mit einem Sechszylinder-Viertakter, denn bei gleicher Anzahl von Kurbelwellenumdrehungen gebe es gleich viele Zündungen. In der Werbung hieß es deshalb: „Dreizylinder-Zweitakt – das bedeutet drei Kraftimpulse pro Kurbelwellen-Umdrehung, genau wie beim Sechszylinder-Viertakter. Daher 3 = 6!" Der DKW 3=6 war der Nachfolger der DKW Sonderklasse, was auch am ähnlichen Erscheinungsbild zu erkennen war: Er wies die typischen, durch und durch runden Wagenformen auf. Allerdings verfügte der 3=6 über eine um zehn Zentimeter verbreiterte Karosserie, einen neuen, ovalen Kühlergrill und einen stärkeren Motor, der bei 4200 Umdrehungen pro Minute 38 PS erreichte. Ein Jahr später als der 3=6 wurde der DKW Monza präsentiert – ein Sport-Coupé, das auf dem Chassis des 3=6 basierte. Er hatte eine Kunststoffkarosserie und wurde in äußerst geringer Stückzahl (wenig mehr als 100) im Lohnauftrag gefertigt. Dafür stellte er gleich mehrere Weltrekorde für Autos bis 1100 Kubikzentimeter auf, unter anderem fuhr er länger als 48 Stunden lang mit einer Durchschnittsgeschwindigkeit von 140,961 km/h. Sowohl der 3=6, als auch der Monza wurden nur für relativ kurze Zeit hergestellt: Beide wurden 1958 durch den Auto Union 1000 ersetzt.

Technische Daten	
Baureihe:	Großer DKW
Modell:	3 = 6
Bauzeit:	1955 – 1957
Motor:	3-Zyl.-Reihe; Zweitakt-Vergasermotor
Ventile:	ohne
ccm:	906 (Steuer 896)
B x H:	71 x 76 mm
Leistung:	38 PS bei 4250/min
Antrieb:	Frontantrieb; Motor vor, Getriebe hinter der Vorderachse
Gemischaufb.:	1 Fallstromvergaser; Solex 40 JCB
Getriebe:	Normal-Limousine: 3 Gang mit Freilauf (abschaltbar); synchronisierung
Bremsen:	Trommel; hydraulisch
Höchstgeschw.:	123 km/h
Leergewicht:	930 kg
Reifen/Felgen:	5.60-15; 4J x 15
Radstand:	2350 mm
Spur v/h:	1290; 1350 mm
L x B x H:	4225 x 1695 x 1465 mm

Mercedes 190 SL

Viele Autos tragen Spitznamen, die sie ihrer Form zu verdanken haben oder anderen Besonderheiten – oder manchmal auch ihren Besitzern. Der Mercedes 190 SL trug einen Namen, der einen zwielichtigen Hintergrund hat, einen, der viel mit Legendenbildung und Skandalen zu tun hat: Er hieß „Nitribitt-Mercedes“, benannt nach Rosemarie Nitribitt – einer Prostituierten, die vermutlich am 1. November 1957 in Frankfurt a. Main im Alter von 24 Jahren ermordet wurde. Ihr Leben und ihr Tod erregten viel Aufsehen, ihre Freier zählten angeblich zu den höchsten Gesellschaftskreisen und zahlten ihr viel Geld für ihren Körper – wer und wie viel, das ist bis heute ebenso unklar wie der Tathergang, von Vertuschung und Fehlern ist die Rede. Klar ist nur: Ihr Einkommen reichte für einen schwarzen Mercedes 190 SL mit roten Ledersitzen. Der Wagen wurde als Symbol ihres ungezügelten Lebens ebenso bekannt wie seine Besitzerin, deren Leben verschiedene Filme („Das Mädchen Rosemarie“) und Musicals gewidmet wurden. Der 190 SL war ja auch ein Auto mit hohem Glamourfaktor: Sein Design erinnerte an den 300 SL, ein eleganter Roadster mit sportlichen Rundungen. Der Vierzylinder-Motor mit 105 PS ließ immerhin 170 km/h Spitzengeschwindigkeit zu. Er war mit versenkbarem Roadsterverdeck ausgestattet, auf Wunsch wurde auch ein abnehmbares Hardtop geliefert. Der 190 SL war zwar mit 16 500 DM zu seiner Zeit ziemlich teuer, doch er wurde mit 25 881 produzierten Einheiten dennoch eines der meistverkauften Cabrios seiner Zeit. Der 190 SL war eben besonders bei Frauen beliebt – nicht nur bei Rosemarie Nitribitt.

Technische Daten	
Baureihe:	W 121 B II
Modell:	190 SL Roadster
Bauzeit:	1955 – 1963
Motor:	Reihen-4-Zyl. Benziner M 121 B II
Motorbaumuster:	121.921
Ventile:	ohc
ccm:	1897
B x H:	85 x 83,6 mm
Leistung:	105 PS bei 5700/min
Drehmoment:	14,5 mkg bei 3200/min
Gemischaufb.:	2-Register-Flachstromvergaser Solex 44 PHH
Getriebe:	4V, 1R, Mittelschaltung
Achskonstr. vorne:	Doppel-Querlenker
Achskonstr. hinten:	Eingelenk-Pendelachse
Bremsen:	Trommel v/h
Höchstgeschw.:	170 – 175 km/h
Leergewicht:	1180 kg zzgl. 18 kg Hardtop
Reifen/Felgen:	5 K x 13/6.40 S 13 6PR
Radstand:	2400 mm
Spur v/h:	1430/1480 mm
L x B x H:	4220 x 1740 x 1320 mm

Das Urteil der Tester der Fachzeitschrift „Auto, Motor und Sport" war nicht eben freundlich. Der VW Karmann Ghia sei zwar elegant und solide, aber letztlich die „Parodie eines schnellen Autos". Diese Beschreibung fasste das Dilemma des Karmann Ghia gut zusammen. Er weckte durch sein schnittiges Äußeres mehr Erwartungen, als er halten konnte. Denn den Antrieb des sportlich anmutenden Autos besorgte der aus dem Käfer bekannte 30-PS-Motor. Überhaupt war der Karmann Ghia technisch weitgehend mit dem Erfolgs-Kleinwagen identisch. Den Unterschied machte das Erscheinungsbild. Der Osnabrücker Karosseriebauer Wilhelm Karmann, der schon seit 1949 eng mit Volkswagen zusammenarbeitete und etwa auch die Cabrioversionen des Käfer anfertigte, hatte den Turiner Designer Luigi Segre beauftragt, in seiner Carrozzeria Ghia einen Prototypen herzustellen. Schließlich schaffte Karmann es auch, die zunächst skeptischen VW-Bosse zu überzeugen und das Okay für die Serienproduktion einer sportlichen Käfervariante in seiner Fabrik zu bekommen. 1955 kam der Karmann Ghia zum Preis von 7500 DM in den Handel. Den Kunden gefielen die runde Karosserie, die leicht abgesetzten Kotflügel hinten und die Bugschürze, die an US-amerikanisches Autodesign erinnerte. Ab 1957 baute Karmann auch ein Cabrio. Die technischen Verbesserungen, die Volkswagen dem Käfer zuteil werden ließ, kamen auch dem Karmann Ghia zugute, so dass dem Modell eine lange Laufzeit beschieden war.

VW Karmann-Ghia Coupé

Bis zum Ende der Produktion 1974 baute Karmann in Osnabrück über 440 000 Exemplare, darunter gut 80 000 Cabrios. Das Auto hat heute noch eine treue Fanschar unter Oldtimer-Liebhabern.

Technische Daten	
Baureihe:	VW Typ 1 / Käfer
Modell:	1200 Karmann-Ghia Coupé
Bauzeit:	1955 – 1959
Motor:	4-Zylinder Boxer; luftgekühlt
Ventile:	ohv; zentr. Nockenwelle
ccm:	1192
B x H:	77 x 64 mm
Leistung:	30 PS bei 3400/min
Antrieb:	Hinterräder

Technische Daten	
Gemischaufb.:	1 Solex-Vergaser
Getriebe:	4V
Bremsen:	hydr. Trommel v/h
Höchstgeschw.:	115 km/h
Leergewicht:	810 kg
Reifen/Felgen:	5.60 x 15
Radstand:	2400 mm
L x B x H:	4140 x 1630 x 1330 mm

BMW Isetta 250

Genau genommen war die Isetta gar kein Auto: Als so genanntes „Rollermobil" bzw. „Motocoupé" durften Fahrzeuge wie die Isetta, die einen maximalen Hubraum von 250 ccm hatten, zu ihrer Zeit auch mit dem Motorradführerschein gefahren werden. Die Isetta allerdings war anders als die anderen Rollermobile, und sie war wichtig für den Fortbestand vom BMW: Die Firma stand in den Fünfzigern kurz vor dem Konkurs, nachdem mit dem 501 und dem 502 zwei zwar technisch hochwertige, jedoch auch teure Modelle produziert worden waren. Doch dann entdeckten BMW-Mitarbeiter auf dem Turiner Autosalon die Isetta, die damals vom italienischen Hersteller ISO gebaut wurde. BMW verhandelte mit ISO, holte die Isetta ins eigene Werk und optimierte die Konstruktion. Die größte Änderung: Der Wagen bekam einen BMW-Einzylinder-Motor, gewohnte BMW-Qualität also. 1954 wurde die Isetta schließlich der Öffentlichkeit zu einem Preis 2580 DM vorgestellt – und die Fachpresse war beeindruckt. Die Bauweise war etwas Besonderes: Wie bei einem Kühlschrank ließ sich die Tür mit dem eingebauten Lenkrad nach vorne öffnen. Zudem besaß die Isetta bei 12 PS vier Vorwärtsgänge und einen Rückwärtsgang, sowie einen 13-Liter-Tank, der für bis zu 400 Kilometer Fahrt reichte. Die Isetta wurde für BMW zu einem großen Erfolg: Bis zur Einstellung der Produktion wurde sie 161 728 Mal verkauft, nur das Goggomobil der Firma Glas aus Dingolfing war damals in dieser Fahrzeugklasse noch beliebter. Die Isetta konnte den Konkurs zwar nicht abwenden, doch sie verschaffte BMW etwas Zeit – und leistete somit einen wichtigen Beitrag zur Gesundung des Unternehmens.

Technische Daten	
Baureihe:	BMW Isetta
Modell:	250; 300
Bauzeit:	1955 – 1957
Motor:	1 Zyl., luftgekühlt
Ventilsteuerung:	hängend, seitl. Nockenw.
ccm:	245; 298
B x H:	68 x 68; 72 x 73 mm
Leistung:	12 PS/5800; 13 PS/5200
Antrieb:	Hinterräder, differenziallos
Gemischaufb.:	1 Schiebervergaser Bing 1/24
Getriebe:	4V, 1R
Bremsen:	hydr., Trommel v/h
Höchstgeschw.:	85 km/h
Leergewicht:	360 kg
Reifen/Felgen:	4,80 – 10
Radstand:	1500 mm
Spur v/h:	1200/520 mm
L x B x H:	2285 x 1380 x 1340 mm

Wartburg 311

Nach dem Ende der Marke EMW wurde in Eisenach die Marke Wartburg aus der Taufe gehoben. Wartburg stand gegenüber dem Trabant für die automobile Mittelklasse in der DDR. Das erste Modell unter diesem Namen war der ab 1956 verkaufte 311. Es war kein neu entwickeltes Auto, sondern eine Weiterentwicklung des IFA F9, der als DKW F9 noch vor dem Zweiten Weltkrieg entworfen worden war, aber erst ab 1950 in Serie ging. Der Wartburg hatte wie der Vorgänger einen Dreizylinder-Zweitakt-Motor mit 900 Kubikzentimetern Hubraum, die Leistung aber war auf 37 PS gestiegen. Neu waren zudem eine verstärkte Hinterachse und die elegante rundliche Karosserie mit einem großen Kofferraum. Der 311 wurde auch von westdeutschen Journalisten getestet: „In Mitteldeutschland, wo auf dem Automarkt keine rege Konkurrenz herrscht, wird offenbar weniger Wert auf hohe Leistungen gelegt“, schrieb Auto Motor Sport 1958. „So erklärt es sich, daß sich die Konstrukteure sichtlich mehr darum bemüht haben, ihren Wagen bequem und robust zu gestalten, als das Gewicht in Schranken zu halten: vier Türen, tiefe und bequeme Sitze – vorn sogar Liegesitze –, starkes Blech sind an sich natürlich vorteilhaft, aber tausend Kilo Leergewicht sind für eine 900 ccm-Maschine doch sehr viel!“ Die Ingenieure feilten stetig an der Modellpalette. Insbesondere für den Export, etwa nach Belgien und Dänemark, wurden verschiedene Karosserievarianten kreiert, darunter ab 1957 auch ein Sportroadster namens 313, von dem aber nur 469 Exemplare gebaut wurden, gegenüber knapp 300 000 Stück des 311 und des Nachfolgers 312, bis 1966 der Nachfolger 353 in Serie ging.

Technische Daten	
Baureihe:	AWZ Wartburg
Modell:	311 Limousine/Cabriolet/Kombi
Bauzeit:	1956 – 1958
Motor:	3-Zyl.-Reihe
Ventile:	ohne
ccm:	900
B x H:	70 x 78 mm
Leistung:	37 PS (27 kW) bei 4000/min
Antrieb:	Vorderräder
Gemischaufb.:	1 Flachstromvergaser; BVF H 362
Getriebe:	4-Gang-Schaltgetriebe
Bremsen:	Trommeln
Höchstgeschw.:	115 km/h
Leergewicht:	960; 1010 kg
Reifen/Felgen:	5.90-15
Radstand:	2450 mm
Spur v/h:	1190; 1260 mm
L x B x H:	4300 x 1570 x 1450; 1460 mm

BMW 507 Roadster

Der BMW 507 rannte sozusagen offene Türen ein: In den USA der Fünfziger waren deutsche Autos angesagt, vor allem Sportwagen, und BMW kannte man dort ja noch als erfolgreichen Sportwagen-Hersteller der Vorkriegszeit. Doch es dauerte bis 1956, dass die Münchner Autofirma wieder einen Sportwagen auf den Markt brachte – und was für einen. Der BMW 507, entworfen vom deutschen in New York lebenden Designer Albrecht Graf von Goertz, gilt auch heute noch als Synonym für Eleganz und Schönheit. BMW wollte damals einen Zweisitzer produzieren, der der Marke als Flaggschiff dienen und das Image modernisieren sollte. Weil BMW aber auch ein viersitziges Coupé anbieten wollte, entwarf Goertz zusätzlich den BMW 503, der schließlich zeitgleich mit dem 507 bei der IAA in Frankfurt vorgestellt wurde. Mit dem 507 aber setzte Goertz designerische Maßstäbe. Die Doppelniere, die sich elegant zwischen den Scheinwerfern über die Wagenfront schwingt, lang gestreckte Seitenlinien und eine nicht enden wollende Motorhaube – der BMW 507 begeisterte Publikum und Fachpresse. Dazu kam eine außergewöhnlich gute Technik, gestützt von einem leistungsstarken Achtzylinder-Motor, einem Viergang-Getriebe und 150 PS aus 3,2 Liter Hubraum, die eine für die damalige Zeit geradezu sagenhafte Spitzengeschwindigkeit von 220 km/h ermöglichten. Der 507 war zwar mit rund 26 500 DM nicht gerade billig, doch gerade die Stars in Amerika liebten ihn: Zu den Käufern zählten unter anderem Elvis Presley, Alain Delon und Ursula Andress. Heute ist der 507 ein Sammlerstück, das einen geschätzten Wert von rund 300 000 Euro erreicht. Kaum verwunderlich, schließlich wurden vom 507 weltweit nur 252 Exemplare gebaut.

Technische Daten	
Baureihe:	BMW 507
Modell:	507 Roadster
Bauzeit:	1956 – 1959
Motor:	V8, wassergekühlt
Ventilsteuerung:	hängend, zentr. Nockenw.
ccm:	3168
B x H:	82 x 75 mm
Leistung:	150 PS/5000
Antrieb:	Hinterräder
Gemischaufb.:	2 Doppel-Fallstromvergaser Zenith 32 NDIX
Getriebe:	4V, 1R, Mittelschaltung
Bremsen:	hydr. Trommel v/h, wenige Wagen Anfang 1959 mit Scheibenbremsen vorn
Höchstgeschw.:	190 – 220 km/h je nach Hinterachse
Leergewicht:	1330 kg
Reifen/Felgen:	6,00 H 16 (6 PR)
Radstand:	2480 mm
Spur v/h:	1445/1425 mm
L x B x H:	4380 x 1650 x 1300 mm

Lloyd Alexander

Die Blütezeit des Lloyd begann 1955 mit dem Modell 600, das mit dem Ausgangsmodell kaum noch etwas zu tun hatte. Die Karosserie bestand mittlerweile komplett aus Stahl. Der Zweizylindermotor lief als Viertakter und war auf 600 Kubikzentimeter angewachsen. Zeitweise lag Lloyd auf Rang drei der deutschen Zulassungsstatistik, hinter VW und Opel. 1957 dann wurde das Auto noch einmal verbessert und ab nun unter dem Namen Lloyd Alexander verkauft. Nun durften sich die Kunden über ein synchronisiertes Getriebe ebenso freuen wie über Kurbelfenster - und einen von außen zu öffnenden Kofferraum. Bisher hatte man das Gepäck über die Rückbank hinten verstauen müssen. Im Alexander war man nun mit immerhin schon 19 PS unterwegs. Das maximale Drehmoment betrug 39 Nm bei 2500 Umdrehungen pro Minute. Damit schaffte der Wagen es in etwa einer Minute von 0 auf die Höchstgeschwindigkeit von 100 km/h. Der Verbrauch betrug etwa sieben Liter auf 100 Kilometer – ein Vorteil gegenüber dem durstigeren Käfer. Vier Personen passten in den Lloyd Alexander. Die hinteren Passagiere mussten aber eine gewisse Gelenkigkeit mitbringen, um den Einstieg zu vollbringen – und Genügsamkeit. Denn der Platz war durch die Radkästen ziemlich beengt. 4060 DM musste der Kunde für eine zweitürige Limousine des Alexander bezahlen. Die 1959 auf den Markt gekommene, wiederum modernisierte Version Alexander TS kostete schon 4328 DM. Mit diesem Modell endete die Blütezeit von Lloyd. Das Nachfolgemodell, der Lloyd 900 „Arabella", war zu anfällig. Nach dem Konkurs des Borgwardkonzerns 1961 fristete Lloyd noch bis Ende der achtziger Jahre eine Nischenexistenz, vor allem als Ersatzteilversorger.

Technische Daten	
Baureihe:	Lloyd
Modell:	Alexander
Bauzeit:	1957 – 1961
Motor:	2-Zyl.-Reihe; luftgekühlt
Ventile:	hängend; Kette
ccm:	596
B x H:	77 x 64 mm
Leistung:	19 PS bei 4500/min
Antrieb:	Vorderräder
Gemischaufb.:	1 Solex-Flachstromvergaser
Getriebe:	3V, 1R, unsynchronisiert; Krückstockschaltung; bis Sept. 1958 gegen Mehrpreis, dann in Serie: 4V, 1R vollsynchronisiert; Lenkradschaltung
Bremsen:	Trommel v/h
Höchstgeschw.:	100 km/h
Leergewicht:	570 kg
Reifen/Felgen:	4.25-15; 2,50 x 15
Spur v/h:	1050; 1100 mm
L x B x H:	3355 x 1410 x 1400 mm

Auto Union 1000

Genau genommen war der Auto Union schon drei Jahre auf dem Markt, als er 1958 präsentiert wurde: Bereits seit 1955 war er als der „Große DKW 3=6" produziert worden. 1958 aber bekam er einen neuen Dreizylinder-Zweitakt-Motor mit 44 PS, und eben einen neuen Namen. Er wurde als viertürige Limousine und als Coupé angeboten, sowie als viersitziges Coupé ohne B-Säule. Allerdings hatte der Auto Union 1000 aufgrund seiner überholten rundlichen Optik den Ruf, nicht gerade das modernste Auto zu sein. Daran konnte auch die ab 1960 eingebaute Panoramascheibe nichts ändern, schließlich ging der Wagen im Grunde noch auf den Prototypen der DKW Meisterklasse von 1940 zurück. Allerdings gaben die Hersteller ihr Bestes, um den technischen Anforderungen gerecht zu werden: 1961 führten sie die so genannte „Frischölautomatik" mit separatem Ölbehälter ein, um die für Zweitakt-Motoren typische blaue Rauchfahne zu reduzieren. Zudem sollte dieses neue System eine längere Lebensdauer des Motors garantieren – doch es konnte nicht verhindern, dass im außergewöhnlich kalten Winter 1962/63 zahlreiche Kurbelwellenschäden auftraten, weil das bei niedrigen Temperaturen stockende Öl nicht ausreichend durch die dünne Leitung in den Vergaser transportiert wurde. Anders als der 1000 glänzte dafür der 1000Sp: Der Zweisitzer, der dem „Ford Thunderbird" nachempfunden war, überzeugte durch bildschönes Design, als er 1957 auf der IAA in Frankfurt vorgestellt wurde. Dennoch wurden nur vergleichsweise wenige dieser Coupés produziert, gerade mal rund 5000 Exemplare. Vom 1000 konnte die Auto Union immerhin 171 000 Stück bauen, ehe die Produktion in Deutschland 1963 eingestellt wurde.

Technische Daten	
Baureihe:	Auto Union; zwei- und viertürig
Modell:	1000
Bauzeit:	1958 – 1963
Motor:	3-Zyl.-Reihe; Zweitakt-Vergasermotor
Ventile:	ohne
ccm:	980
B x H:	74 x 76 mm
Leistung:	44 PS bei 4500/min
Antrieb:	Frontantrieb. Motor vor, Getriebe hinter der Vorderachse
Gemischaufb.:	1 Fallstromvergaser Solex 40 CIB
Getriebe:	Lenkradschaltung
Bremsen:	Trommel; hydraulisch
Höchstgeschw.:	130 km/h; viertürig 120 km/h
Leergewicht:	930 kg; viertürig 970 kg
Reifen/Felgen:	5.60-15 (4PR); 4J x 15; viertürig 4½ J x 15
Radstand:	2350 mm; viertürig 2450
Spur v/h:	1290; 1350 mm
L x B x H:	4225 x 1695 x 1465 mm; 4325 x 1695 x 1490 mm (viertürig)

Trabant P50

Die Automobilproduktion lief in den Anfangsjahren der DDR zäh. Eigene Innovationen waren ebenso rar wie das nötige Material und die Produktionsstätten. Im Westen feierte VW riesigen Erfolg mit dem Käfer. Da wollte das Politbüro der SED nicht tatenlos zusehen und beschloss 1954, die Entwicklung eines eigenen Kleinwagens in Auftrag zu geben. Die Eckdaten waren definiert: nicht mehr als 600 Kilogramm Leergewicht, nicht mehr als 5,5 Liter Spritverbrauch auf 100 Kilometer. Klar war zudem, dass die Außenhaut aus Kunststoff bestehen musste. Blech war Mangelware. 1958 war es so weit. Der Trabant P50 ging in Serie. Er hatte einen Zweizylinder-Zweitaktermotor mit 500 Kubikzentimetern Hubraum, woraus er eine Leistung von 18 PS entfaltete – zum Vergleich: Der Käfer 1200 Standard brachte es damals auf 30 PS. Der Trabant schaffte immerhin 90 km/h. Die selbsttragende Karosserie war aus Stahl, beplankt mit Duroplast, einem Kunststoff, der aus Phenolharz und Baumwolle hergestellt wurde. Das Publikum reagierte angetan. Gelobt wurden das zeitgemäße Design, der für ein Auto dieser Größe (Länge 3,30 Meter) geräumige Innenraum. Obwohl der Trabant, bald liebevoll „Trabi“ genannt, einen gut verdienenden Angestellten etwa 20 bis 25 Monatsgehälter kostete, wurde er schnell zum Erfolg, galt er doch als sparsam und robust. Ab 1960 gab es auch einen Kombi. Bis 1962 wurden über 130 000 Exemplare im VEB Sachsenring Automobilwerke in Zwickau produziert. Mit dem Trabant war der Automobilindustrie ein Modell gelungen, das auch für Familien mit mittlerem Einkommen finanzierbar war. Im Westen wurde der Trabant zwar nicht bewundert, aber doch zumindest anerkannt.

Technische Daten	
Baureihe:	AWZ Trabant
Modell:	P50 Limousine
Bauzeit:	1958 – 1962
Motor:	2-Zyl.-Reihe
Ventile:	ohne
ccm:	499
B x H:	66 x 73 mm
Leistung:	17 PS (12 kW) bei 3750/min
Antrieb:	Vorderräder
Gemischaufb.:	1 Flachstromvergaser; BVF HB 26/1-0
Getriebe:	4-Gang-Schaltgetriebe
Bremsen:	Trommeln
Höchstgeschw.:	90 km/h
Leergewicht:	620 kg
Reifen/Felgen:	5.20-13
Radstand:	2020 mm
Spur v/h:	1200; 1240 mm
L x B x H:	3375 x 1500 x 1395 mm

NSU Prinz I

Die Geschichte von NSU beginnt bereits 1873, in dem kleinen Ort Riedlingen südlich der Schwäbischen Alb. Dort wurde NSU gegründet, ehe der Sitz 1880 nach Neckarsulm verlegt wurde. Ursprünglich produzierte die Firma Strickmaschinen – doch mit dem Namen hatte das nichts zu tun. Vielmehr entstand die Bezeichnung NSU aus dem Namen des Firmensitzes: NeckarSUlm. Zwar konstruierte NSU in den 20er Jahren auch Pkws, doch Mitte des 20. Jahrhunderts stand NSU vor allem für die Motorrad-Entwicklung: In den 50er Jahren galt NSU als der größte Motorradhersteller der Welt, einige der Modelle fuhren auch bei Rennen zahlreiche nationale und internationale Titel ein. Als der Motorradmarkt langsam begann, zusammenzubrechen, kehrte NSU 1957 zum Autobau zurück – nach fast dreißigjähriger Abstinenz. Der seit 1953 entwickelte NSU Prinz wurde 1957 auf der IAA in Frankfurt vorgestellt, mit Zweizylinder-Heckmotor mit 583 Kubikzentimeter und 20 PS. Zwei Jahre später folgte der NSU Sportprinz mit einem 30-PS-Motor: Ein sportliches Coupé mit einem so genannten Notsitz im Heck, der allerdings lediglich ein dünn gepolstertes Brett war. 1963 dann präsentierte NSU sein erstes Modell mit Vierzylinder-Motor: den NSU Prinz 1000. Der Motor erreichte zunächst mit 1000 Kubikzentimetern Hubraum 43 PS und eine Spitzengeschwindigkeit von 135 km/h, und später, als der Motor auf Normalbenzin umgestellt wurde, immerhin noch 40 PS. Der Prinz 1000 war auch im Rennsport sehr erfolgreich – und knüpfte damit nahtlos an die Tradition der NSU-Motorräder an.

Technische Daten	
Baureihe:	NSU
Modell:	Prinz I
Bauzeit:	1958 – 1960
Motor:	2-Zylinder (Vertikal-Twin)
Ventile:	V-förmig; hängend; obenliegende Nockenwelle
ccm:	583
B x H:	75 x 66
Leistung:	20 PS bei 4600/min
Antrieb:	Hecktriebblock; Motor (mit Getriebe und Differential in einem Gehäuse) hinter der Hinterachse
Gemischaufb.:	1 Fallstromvergaser; Bing 7/26
Getriebe:	4-Gang
Bremsen:	Trommel; hydr.
Höchstgeschw.:	105 km/h
Leergewicht:	510 kg
Reifen/Felgen:	4,40-12; 3,00 x 12
Radstand:	2000 mm
Spur v/h:	1200; 1200 mm
L x B x H:	3145 x 1420 x 1370 mm

Opel Kapitän P2

Der Kapitän – allein der Name verspricht Eleganz und Bedeutung. Und bestimmte Klischees: Dass der Kapitän immer als letztes von Bord geht, zum Beispiel. Klischees kann man manchmal wunderbar auf Autos übertragen, und so ist das auch beim Opel Kapitän: Er war über 40 Jahre lang das Oberklassemodell von Opel, er war das letzte vor dem Zweiten Weltkrieg konstruierte Opel-Modell und das erste, das nach dem Krieg, 1948, wieder vom Band lief. Vom Opel Kapitän gab es sechs verschiedene Versionen, die erste wurde 1939 auf dem Genfer Auto-Salon vorgestellt, die letzte erschien 1969. Allen Ausführungen war eines gemein: Sie hatten jeweils einen Sechszylinder-Reihenmotor mit Hubräumen von 2,5 bis 2,8 Litern. Optisch dagegen wurde stets einiges verändert – der Kapitän P2 hatte auf den ersten Blick mit dem Ur-Kapitän kaum Gemeinsamkeiten. Hatte der erste Kapitän 1939 noch eine für die damalige Zeit typische dicke Motorhaube und eine abgeschlossene Heckform, so war der Kapitän P2 moderner und sportlicher konstruiert. Er erschien 1959 und war, anders als sein Vorgänger P1, nicht mehr an das Design der amerikanischen Autos angelehnt, die Linienführung der Karosserie war flacher und gerader. Charakteristisch waren die auffällig große vordere Panoramascheibe, ausladende Stoßstangen, der verschwenderische Umgang mit Chromzierrat und zweifarbige Lackierungen in Pastelltönen. Als die Produktion des Kapitän P2, der wegen seiner Heckleuchten auch „Schlüsselloch-Kapitän“ hieß, Ende November 1963 eingestellt wurde, waren fast 146 000 Exemplare verkauft worden – der P2 war damit der erfolgreichste aller Opel-Kapitäne.

Technische Daten	
Baureihe:	Opel Kapitän
Modell:	P2; 2,6 Liter Limousine, viertürig
Bauzeit:	1959 – 63
Motor:	6 Zylinder Reihe, wassergekühlt
Ventile:	ohv, Stirnräder
ccm:	2586
B x H:	85 x 76,5 mm
Leistung:	90 PS/4100
Antrieb:	Hinterräder
Gemischaufb.:	Opel-Fallstromvergaser
Getriebe:	3V, 1R, Lenkradschaltung
Bremsen:	hydr., Trommel v/h
Höchstgeschw.:	150 km/h
Leergewicht:	1340 kg
Reifen/Felgen:	7.00 S 14
Radstand:	2800 mm
Spur v/h:	1378/1377 mm
L x B x H:	4831 x 1812 x 1512 mm

MERCEDES 220 SB 1959

Mercedes 220 Sb

Die Mercedes 220 SEb und 220 Sb waren Teil einer neu gegründeten Familie: der so genannten „Heckflossen-Familie“, deren Wägen auch den Beinamen „Große Flosse“ trugen. Charakteristisch für diese 1959 eingeführte Baureihe waren zwei Heckflossen, die im Vergleich zu den US-Modellen relativ dezent erschienen und von Mercedes „Peilstege“ genannt wurden und als eine Art Einparkhilfe dienen sollten. Über ihren tatsächlichen Nutzen für Einparken im Alltag gibt es zwar wenig Erfahrungsberichte, dafür aber verliehen sie dieser Mercedes-Klasse ein markantes Merkmal, das sie deutlich von anderen unterscheidet, weshalb sie auch den Zusatzbuchstaben „b“ in der Modellkennung trugen. Diese Fahrzeuge waren zugleich die Nachfolger des so genannten „Ponton“-Mercedes. Zunächst umfasste die Baureihe die Modelle 220 b, 220 Sb und 220 SEb; ab 1965 kam der 230 S hinzu. Die Limousinen waren durchgehend mit Reihen-Sechszylinder-Motoren ausgestattet, die zwischen 95 und 120 PS leisteten. Das Endmodell 230 S erreichte sogar eine Mehrleistung von zehn PS gegenüber dem Vergasermodell 220 S, und zwar mit einer Hubraumerhöhung auf 2,3 Liter. Neben den Limousinen wurden auch Coupés und Cabrios hergestellt: etwas flacher, und im Design etwas runder. Obwohl das Coupé ein vollwertiger Viertürer war, konnte von den Rohbauteilen der Limousine keines verwendet werden – die Teile im Coupé und Cabrio der „Heckflossen“-Baureihe basierten zu einem großen Teil auf Handarbeit. Die Coupés und Cabrios wurden noch bis 1971 produziert, und auch heute sind noch manche dieser Fahrzeuge im Straßenverkehr zu sehen.

Technische Daten	
Baureihe:	W 111/2
Modell:	220 Sb
Bauzeit:	1959 – 1965
Motor:	Reihen-6-Zyl. Benziner M 180 V
Motorbaumuster:	180.941
Ventile:	ohc
ccm:	2195
B x H:	88 x 72,8 mm
Leistung:	110 PS bei 5000/min
Drehmoment:	17,5 mkg bei 3500/min
Gemischaufb.:	2-Register-Flachstromvergaser Solex 34 PAJTA
Getriebe:	4V, 1R, Lenkradschaltung
Achskonstr. vorne:	Doppel-Querlenker
Achskonstr. hinten:	Eingelenk-Pendelachse mit Ausgleichsfeder
Bremsen:	Trommel v/h
Höchstgeschw.:	165 km/h
Leergewicht:	1330 kg
Reifen/Felgen:	5 JK x 13 B/6.70 S 13 4PR
Radstand:	2750 mm
Spur v/h:	1470/1485 mm
L x B x H:	4875 x 1795 x 1500 mm

Porsche 356 B Super 90

Nach den erfolgreichen Jahren der ersten Generation ließ Porsche 1959 die zweite Generation der 356er-Modelle folgen. Auch sie hatten – wie alle Generationen des 356ers – einen Vierzylinder-Motor mit Heckantrieb. Den Porsche 356 B gab es in drei verschiedenen Varianten: als Coupé, als Cabriolet und als Roadster; 1960 folgte zudem der „Hardtop“ mit aufgeschweißtem Dach. Insgesamt unterschied sich der 356 B von der A-Variante besonders durch höher eingesetzte Scheinwerfer und eine dadurch vorn weniger gerundete Linie der Kotflügel. Zudem waren die Stoßstangen höher angebracht, wodurch Lufteinlässe für die neuen Leichtmetall-Trommelbremsen möglich wurden. Eines der B-Modelle war der „Super 90“, der wie der Carrera eine Ausgleichsfeder an der Hinterachse erhielt; diese Feder drückte das weniger belastete kurveninnere Rad mit der Kraft des belasteten Rads an den Boden, um so das Übersteuern zu mindern. 1961 wurde die Produktion des Roadsters, der zuletzt in Brüssel gebaut wurde, eingestellt – es folgte die C-Version des Porsche 356. Äußerlich waren allerdings kaum Unterschiede zu erkennen, er erhielt lediglich neue Felgen mit einem kleineren Lochkranz und neuen Radkappen, die durch die Scheibenbremsen an allen vier Rädern erforderlich wurden. Der 356 C bestand aus zwei Modellen: dem 1600 C und dem 1600 SC. Beide fuhren mit einem Vierzylinder-Boxermotor und leisteten 75 bzw. 95 PS. Der 1600 C erreichte damit eine Höchstgeschwindigkeit von 175 km/h, der 1600 CS gar 185 km/h. Nach zwei Jahren des C-Modells und 17 Jahren insgesamt wurde die Produktion des Porsche 356 schließlich im April 1965 eingestellt.

Technische Daten	
Baureihe:	Porsche 356 B Super 90
Modell:	Roadster
Bauzeit:	August 1959 – August 1961
Motor:	4 Zyl. Boxer
Ventile:	Zweiventiler, zentrale Nockenwelle, V-förmig hängende Ventile
ccm:	1582
B x H:	82,5 x 74 mm
Leistung:	90 PS (66 kW)/5500
Drehmoment:	120 Nm bei 4300
Gemischaufb.:	Zwei Doppelfallstrom-Vergaser Solex 40PJJ-4
Getriebe:	4V, 1R
Bremsen:	Trommel v/h
Höchstgeschw.:	185 km/h
0 – 100 km/h	13,0 sec.
Leergewicht:	890 – 905 kg
Reifen/Felgen:	165 HR 15 / 4,5 x 15 Zoll
Radstand:	2100 mm
Spur v/h:	1306/1272 mm
L x B x H:	4010 x 1670 x 1310 mm

Opel Rekord P2

Wer auf dem Beifahrersitz des Opel Rekord Platz nimmt, könnte im ersten Moment glauben, er sitzt im falschen Auto: Auf der Handschuhfach-Klappe des Rekord ist der Schriftzug „Olympia" angebracht. Mit dem Opel Olympia aber hatte der Rekord nichts gemein – Opel wollte so lediglich den Namen des in den dreißiger Jahren vorgestellten Olympia weiterleben lassen. Der Rekord war in den fünfziger Jahren nach dem VW Käfer das meistverkaufte Auto in Deutschland, mit seiner üppigen Chromverzierung repräsentierte er den wirtschaftlichen Aufschwung der Nachkriegs-Jahrzehnte. 1960 wurde der Opel Rekord P2 als Nachfolger des Opel Rekord P1 eingeführt, erhältlich als Limousine, Coupé, Kombi Caravan und dreitüriger Lieferwagen. Der Rekord P2 hatte einige Neuerungen gegenüber seinem Vorgänger: Die Panoramascheiben fielen weg, die vorderen Türen wurden größer, wodurch der Einstieg vereinfacht wurde, und die gesamte Karosserieform kam durch ihr geradliniges Design weniger amerikanisch daher. Zudem wurden erstmals praktische Details wie Liegesitze, Rückfahrscheinwerfer, Lichthupe und Doppeltonhorn eingebaut. Das Coupé fiel besonders durch sein tief abgesenktes Dach auf, weswegen es bisweilen als „rasender Kofferraum" verspottet wurde – das „rasend" bezog sich natürlich auf die Leistung des 60-PS-Motors, der dem Coupé eine Höchstgeschwindigkeit von immerhin 140 Stundenkilometern gestattete. Bis zur Einstellung seiner Produktion 1963 verkaufte sich der Rekord P2 rund 786 000 Mal, allein 33 000 Exemplare davon als Coupé. Von der Cabrioversion des Rekord P2 wurden lediglich 20 Exemplare gebaut, von denen heute noch acht existieren sollen.

Technische Daten	
Baureihe:	Opel Rekord
Modell:	P2 Limousine, zweitürig
Bauzeit:	1960 – 63
Motor:	4 Zylinder Reihe, wassergekühlt
Ventile:	ohv, Stirnräder
ccm:	1488
B x H:	80 x 74 mm
Leistung:	50 PS/4300
Antrieb:	Hinterräder
Gemischaufb.:	Opel-Fallstromvergaser
Getriebe:	3V, 1R, Lenkradschaltung
Bremsen:	hydr., Trommel v/h
Höchstgeschw.:	128 km/h
Leergewicht:	930 kg
Reifen/Felgen:	5.90 x 13
Radstand:	2541 mm
Spur v/h:	1265/1280 mm
L x B x H:	4515 x 1632 x 1485 mm

Ford Taunus 17 M

Die Suche nach der idealen aerodynamischen Form einer Karosserie beschäftigte die Autokonstrukteure schon seit den zwanziger Jahren. Mit dem 1960 vorgestellten Taunus 17M (P3) wagten die Ford-Ingenieure einen Paradigmenwechsel. Schluss mit dem beim Vorgänger so gepriesenen Trapezdesign. Nun war die Stromlinienform en vogue. Chromschmuck und Heckflossen fielen einer neuen Philosophie, der „Linie der Vernunft", zum Opfer. Schluss auch mit der Orientierung an amerikanischen Vorbildern. Der neue Taunus wurde zum Vorreiter eines neuen europäisch-sachlichen Autodesigns. Er war flach und bot wenig Luftwiderstand. Trotzdem war im Innenraum reichlich Platz, und für einen ordentlichen Kofferraum reichte es auch. Der Volksmund war wieder schnell mit einem Spitznamen für den neuen Taunus bei der Hand: die „Badewanne". Die technischen Merkmale wurden auch runderneuert – außer den Motoren. Wiederum schickte Ford eine neue Baureihe auf den Markt, die mit den Motoren von gestern angetrieben wurde. Zur Verfügung standen eine 1,5-Liter-Maschine mit 55 PS und ein 1,7-Liter-Aggregat mit 60 PS. Hinzu kam noch ein 1,8-Litermotor mit 70 PS. Die „Badewanne" erregte nicht nur Aufsehen durch ihr Äußeres. Ford hatte zudem den Unterhalt wesentlich vereinfacht. Ein Ölwechsel war nun nur noch alle 7500 Kilometer nötig. Zudem waren selbsteinstellende Bremsen an Bord. Der Rostschutz von Auspuff, Unterboden und Karosserie hatte große Fortschritte gegenüber dem damaligen Standard gemacht. Auch der Taunus 17M (P3) wurde zum Erfolg. Ford baute bis 1964 etwa 665 000 Exemplare der „Badewanne" und schloss zeitweise in der Zulassungsstatistik zu Opel auf.

Technische Daten	
Baureihe:	Ford
Modell:	Taunus 17 M 1,5 Liter
Bauzeit:	1960 – 1964
Motor:	4-Zyl.-Reihe
Ventile:	hängend; Stoßstangen und Kipphebel; seitl. Nockenwelle; Antrieb Stirnräder
ccm:	1498
B x H:	82 x 70,9
Leistung:	55 PS bei 4250/min
Antrieb:	Hinterräder
Gemischaufb.:	1 Fallstromvergaser; Solex 32 PICB (bzw. ab Sept. 1963 Solex 32 PDSIT mit Startautomatik
Getriebe:	3-Gang
Bremsen:	Trommel; hydraulisch
Höchstgeschw.:	136 km/h
Leergewicht:	940 kg
Reifen/Felgen:	5,90-13. Turnier 510: 6,40-13; 4J 13. Turnier: 510: 4½K x 13
Radstand:	2630 mm
Spur v/h:	1295; 1295 mm
L x B x H:	4452 x 1670 x 1450 mm

VW 1500

Bis 1961 hatte Volkswagen als einzigen Pkw den Käfer gebaut. Nun war die Zeit gekommen, neue Märkte zu erschließen, größere Autos zu bauen. Es war die Zeit der Stufenhecklimousine VW 1500 gekommen, der großen Schwester des Käfer. In den wichtigsten technischen Merkmalen ähnelte der Typ 3 der VW-Modellpalette dem Typ 1 namens Käfer (Typ 2 war der VW-Bus). Als Antrieb fungierte auch hier ein Vierzylinder-Motor im Heck. Die Luftkühlung war leicht modifiziert worden, der Hubraum auf 1493 ccm erweitert. Der Motorraum wurde flacher, so dass zusätzlich zum Kofferraum vorn auch hinten ein Stauraum entstand, der es ermöglichte, den VW 1500 als Kombi, erstmals mit dem Namenszusatz Variant, anzubieten. Auch im Innenraum zeichnete sich die Limousine durch das deutlich größere Platzangebot im Vergleich zum Käfer aus. Vier, zur Not auch fünf Personen konnten mit dem VW 1500 durch das Wirtschaftswunderland reisen. Zudem saß die Tanköffnung außen und nicht mehr wie beim Käfer unter der vorderen Haube. Insbesondere der Kombi war den VW-Ingenieuren gelungen und erzielte erfreuliche Verkaufszahlen. Er schaffte es mit 45 PS auf eine Höchstgeschwindigkeit von 125 km/h und kostete bei seinem Erscheinen 6300 DM. 1965 brachte VW eine Weiterentwicklung auf den Markt, den leistungsstärkeren VW 1600TL. TL stand für Touren-Limousine, hieß im Volksmund aber bald Traurige Lösung. Bis zum Ende der Produktion 1973 wurden über 2,5 Millionen Wagen des Typ 3 gebaut, darunter auch ein schnittiges Coupé, der Typ 34 von Karmann-Ghia. Die zur Probe gebauten Cabrios und Viertürer des Typ 3 dagegen gingen nie in Serie.

Technische Daten	
Baureihe:	VW Typ 3
Modell:	1500 Stufenheck-Limousine; zweitürig
Bauzeit:	1961 – 1963
Motor:	4-Zylinder Boxer; luftgekühlt
Ventile:	ohv; zentrale Nockenwelle
ccm:	1493
B x H:	83 x 69 mm
Leistung:	45 PS bei 3800/min
Antrieb:	Hinterräder
Gemischaufb.:	1 Solex-Vergaser
Getriebe:	4V
Bremsen:	Trommel v/h
Höchstgeschw.:	125 km/h
Leergewicht:	880 kg
Reifen/Felgen:	6.00 x 15
Radstand:	2400 mm
L x B x H:	4225 x 1605 x 1475 mm

Opel Kadett A

Der Opel Kadett hatte es nicht leicht: Schon vor dem Zweiten Weltkrieg wurde er gebaut, doch als der Krieg zu Ende war und in Rüsselsheim das einzige nicht zerstörte Opel-Werk übrig blieb, mussten die Mitarbeiter ausgerechnet die komplette Kadett-Fertigungsstraße demontieren und der Sowjetunion als Reparationszahlung überlassen. Es sollte bis 1962 dauern, bis der Kadett wieder gebaut wurde. Über die Entwicklungsgeschichte des Opel Kadett A ist allerdings kaum etwas bekannt, und das hat einen Grund: Als Hans Mersheimer, damals Chef-Ingenieur der Adam Opel AG, 1957 vom US-Mutterkonzern General Motors den Auftrag erhielt, einen „perfekten Anti-VW" zu konstruieren, vertiefte er sich mit seiner Mannschaft in heimliche Entwicklungsarbeiten. So heimlich, dass bis heute wenig von Mersheimers Vorgehen an die Öffentlichkeit drang. Zu bestaunen war und ist lediglich das Ergebnis der Geheimniskrämerei: ein modernerer Wagen als der damals marktführende VW Käfer. Die Karosserie war geräumiger, der Kofferraum sowieso, und die Heizung funktionierte aufgrund der Wasserkühlung des Kadett A tadellos. Das war damals keine Selbstverständlichkeit: Der Käfer etwa war luftgekühlt und hatte deshalb mit der Heizung so seine Probleme. Hinzu kamen die erstaunlich gute Bremsleistung, die der Kadett A seiner hydraulischen Bremsanlage mit Trommelbremsen vorne und hinten verdankte, sowie eine ordentliche Fahrleistung bei niedrigem Kraftverbrauch. Ein Kultwagen wurde der Kadett A im Gegensatz zum VW Käfer dennoch nicht, er verschwand Mitte der siebziger Jahre aus dem Straßenverkehr – die Karosserie war nicht allzu rostwiderständig. Die einzige Niederlage, die der Kadett A gegenüber dem VW Käfer einstecken musste, war zugleich die bitterste.

Technische Daten	
Baureihe:	Opel Kadett
Modell:	A Limousine, zweitürig
Bauzeit:	1962 – 1965
Motor:	4 Zylinder Reihe, wassergekühlt
Ventile:	ohv, Rollenkette
ccm:	993
B x H:	72 x 61 mm
Leistung:	40 PS/5000
Antrieb:	Hinterräder
Gemischaufb.:	Opel-Fallstromvergaser
Getriebe:	4V, 1R, Mittelschaltung
Bremsen:	Trommel v/h
Höchstgeschw.:	120 km/h
Leergewicht:	670 kg
Reifen/Felgen:	5.50 x 12
Radstand:	2325 mm
Spur v/h:	1200/1205 mm
L x B x H:	3923 x 1470 x 1410 mm

Das Nachrichtenmagazin „Der Spiegel" spottete 1959, BMW baue „nur Autos für Bankdirektoren und Tagelöhner". Das war ja auch nicht ganz falsch: BMW hatte bis Anfang der sechziger Jahre zwar Fahrzeuge wie den 501 oder die Isetta im Angebot, doch das waren eben ausschließlich Wägen der Oberklasse oder der Unterklasse, nicht aber der mittleren Kategorien. Das änderte sich 1961: Auf der IAA in Frankfurt wurde die so genannte „Neue Klasse" vorgestellt. Es war die erste Mittelklasse-Baureihe BMWs nach dem Zweiten Weltkrieg; als erstes Modell erschien die viertürige Stufenhecklimousine 1500, die einen 1,5-Vierzylinder-Motor mit 80 PS erhielt. Der 1500 steht zugleich für die wirtschaftliche Wende und somit den Beginn des Aufstiegs, der BMW weg vom drohenden Konkurs hin zu einem der bedeutendsten deutschen Autofirmen führte. Das Konzept für den 1500 wurde ab Mitte der fünfziger Jahre entwickelt, als er schließlich der Öffentlichkeit vorgestellt wurde, war ein Wagen zu sehen, der von Chefdesigner Wilhelm Hofmeister entworfen worden war und eine markante Form trug – Motorhaube, Gürtellinie und Heck waren auf niedriger Höhe. Hinzu kam ein exzellentes Fahrwerk mit Federbeinen vorne und Schräglenkerachse hinten, so dass der 1500 – die erste komplette BMW-Neukonstruktion nach dem Krieg - zu einem wichtigen Auto in seiner Kategorie wurde. Er erreichte eine Höchstgeschwindigkeit von 148 km/h und legte damit den Grundstein für die späteren Motorsport-Erfolge seiner Nachfolger. Insgesamt wurden vom BMW 1500 exakt 23 807 Modelle gebaut.

Technische Daten	
Baureihe:	BMW Neue Klasse
Modell:	1500; 1600
Bauzeit:	1962 – 1964; 1964 – 1966
Motor:	4 Zyl.-Reihe, wassergekühlt
Ventilsteuerung:	V-förmig hängend, ohc
ccm:	1499; 1573
B x H:	82 x 71; 84 x 71 mm
Leistung:	80 PS/5700; 83 PS/5500
Antrieb:	Hinterräder
Gemischaufb.:	1 Fallstromvergaser Solex 34 PICB, ab 1964 Solex 36-40 PDSI
Getriebe:	4V, 1R, Mittelschaltung
Bremsen:	hydr., Scheiben v, Trommel h
Höchstgeschw.:	148; 155 km/h
Leergewicht:	1060; 1070 kg
Reifen/Felgen:	6,00 – 14, auf Wunsch 165 SR 14; 6,00 S 14, auf Wunsch 165 SR 14
Radstand:	2550 mm
Spur v/h:	1320/1366 mm
L x B x H:	4500 x 1710 x 1450 mm

BMW 1500

BMW 3200 CS

Der BMW 3200 CS setzte gewissermaßen einen Schlusspunkt: Er war das letzte BMW-Fahrzeug der großen Achtzylinder-Reihe, jener Modelle, die BMW in den fünfziger Jahren in die Krise geführt hatten. Der 3200 CS wurde vom Italiener Giuseppe „Nuccio" Bertone entworfen, der parallel auch für die Autos von Alfa Romeo verantwortlich war. Der 3200 CS wird deshalb bisweilen auch „der Alfa unter den BMWs" genannt – Ähnlichkeiten sind tatsächlich erkennbar. Nichtsdestotrotz gelang Bertone ein elegantes Coupé der Oberklasse. Bei seiner Vorstellung auf der IAA 1961 erregte der 3200 CS jedoch kaum Aufmerksamkeit, da ihm die firmeninterne Konkurrenz die Show stahl: Die „Neue Klasse" wurde zeitgleich präsentiert. Immerhin aber hatte der 3200 CS als erster BMW eine Design-Spielerei, die bis heute erhalten blieb: Den so genannten „Hofmeister-Knick", der benannt ist nach dem Erfinder und damaligen Chefdesigner Wilhelm Hofmeister und einen Knick beim Übergang der C-Säule zum Wagenkörper beschreibt. Die Motorisierung konnte sich zudem sehen lassen: Der 3200 CS hatte einen 3,2 Liter-V8-Motor mit 160 PS und 200 km/h Höchstgeschwindigkeit, seine 3200 ccm gaben dem Wagen schließlich auch seinen Namen. Basierend auf dem Coupé wurde später ein Cabrio als Einzelanfertigung gebaut – als Geschenk für Herbert Quandt, der 1959 mit seiner spektakulären Übernahme verhinderte, dass BMW vom Konkurrenten Daimler-Benz aufgekauft wurde. Herbert Quandt starb 1982, doch die Familie Quandt ist noch heute Hauptaktionär des BMW-Konzerns. Die Geschichte des 3200 CS dagegen war 1965 nach rund 600 gebauten Exemplaren zu Ende – und mit ihr zunächst die Ära der Luxusfahrzeuge bei BMW.

Technische Daten	
Baureihe:	BMW 3200 CS
Modell:	3200 CS Coupé
Bauzeit:	1962 – 1965
Motor:	V8, wassergekühlt
Ventilsteuerung:	hängend, zentr. Nockenw.
ccm:	3168
B x H:	82 x 75 mm
Leistung:	160 PS/5600
Antrieb:	Hinterräder
Gemischaufb.:	2 Doppelfallstromvergaser, Zenith 36 NDIX
Getriebe:	4V, 1R, wahlweise Lenkrad- o. Mittelschaltung
Bremsen:	hydr. Scheiben v, Trommel h
Höchstgeschw.:	200 km/h
Leergewicht:	1500 kg
Reifen/Felgen:	7,00 H 15 L oder 185 HR 15
Radstand:	2835 mm
Spur v/h:	1330/1416 mm
L x B x H:	4830 x 1720 x 1460 mm

Opel Rekord A

Das Jahr 1963 war ein gutes Jahr für die deutsche Autoindustrie. Im März wurde mit 244 000 produzierten Wagen ein Rekordergebnis vermeldet, der Exportanteil war mit 109 000 Autos zu diesem Zeitpunkt ebenfalls so hoch wie nie zuvor. Ab 1. Juli waren Fahrtrichtungsanzeiger verboten und Blinker wurden Pflicht, und am 17. November wurde die 785 Meter lange Europabrücke bei Innsbruck eingeweiht, die Deutschland via Autobahn mit Österreich und Italien verband. Und auch für Opel war 1963 ein erfolgreiches Jahr: Über 550 000 Autos produzierten die Rüsselsheimer in diesen zwölf Monaten, so viele wie nie zuvor. Eines davon war der Opel Rekord A, der im März 1963 vorgestellt wurde. Erstmals verwendete man Großbuchstaben als Modellkennzeichnung, ein System, dass in den folgenden Jahren beibehalten wurde. Der Rekord A wurde in drei Jahren Bauzeit konstruiert und war der Nachfolger des Rekord P2, er hatte eine glattflächige, nüchterne Karosserie und war als Limousine, als Kombiversion, als Kastenwagen und als Coupé erhältlich. Auf Basis des Coupés gab es auch eine Cabrio-Version. Technisch genoss das windschnittige Rekord A Coupé zwar den Ruf der Unverwüstbarkeit, war jedoch nicht mehr unbedingt auf dem neuesten Stand: Eingebaut wurde ein 1,5- oder 1,7-Liter Vierzylinder-Motor mit 55 bis 67 PS – eine Konstruktion, die auf den Opel Olympia von 1935 zurückging. Auch deshalb hielt sich der Rekord A trotz ansprechender Optik nur zwei Jahre, ehe er 1965 vom Rekord B abgelöst wurde. Heute ist das Opel Rekord A Coupé ein sehr seltenes Oldtimer-Modell, das immerhin Preise von 7000 bis 8000 Euro erzielt.

Technische Daten	
Baureihe:	Opel Rekord
Modell:	A Coupé L
Bauzeit:	1963 – 1966
Motor:	4-Zyl.-Reihe; wassergekühlt
Ventile:	ohv; Stirnräder
ccm:	1680
B x H:	85 x 74 mm
Leistung:	76 PS bei 4600/min
Antrieb:	Hinterräder
Gemischaufb.:	Opel Fallstromvergaser
Getriebe:	4V, 1R; Mittelschaltung
Bremsen:	hydr.; Scheiben v/Trommel h
Höchstgeschw.:	144 km/h
Leergewicht:	180 kg
Reifen/Felgen:	5.90 x 13
Radstand:	2639 mm
Spur v/h:	1321; 1276 mm
L x B x H:	4512 x 1696 x 1442 mm

Mercedes 230 SL

Der Mercedes 230 SL wurde auf dem Genfer Autosalon 1963 vorgestellt, und er bekam schnell von der Presse einen anderen Namen: „Pagode“, wegen seines optional lieferbaren konkav gewölbten Hardtops. Intern hatte er die Bezeichnung „W113“, die allerdings auch die Versionen 250 SL und 280 SL umfasste. Er war als zweisitziges Cabriolet mit Faltdach konzipiert und wurde mit Schalt- oder Automatikgetriebe gebaut. Gegen Aufpreis war auch eine Version mit vier Sitzen als Coupé erhältlich. Die Höchstgeschwindigkeit des Pagoden-SL war zwar mit 200 km/h durchaus beachtlich, brach aber in seiner Fahrzeugklasse längst keine Rekorde mehr. Umso erstaunlicher, dass der 230 SL in einem Vergleich mit einem Ferrari 250 GT auf einer französischen Rennstrecke ähnliche Rundenzeiten erreichte. Doch der 230 SL war nicht nur schnell, sondern vor allem: sicher. Der SL verfügte über eine steife Fahrgastzelle und Knautschzonen, also leicht verformbare Bug- und Hecksegmente, der Innenraum war wie auch schon bei der „Heckflossen“-Limousine „entschärft“, es gab keine harten Ecken und Kanten, Sicherheitsgurte waren, wie beim Vorgänger, immerhin als Sonderausstattung erhältlich. Das Lenkgetriebe war aus dem crashgefährdeten Bereich vom Vorderwagen an die Stirnwand gerückt, die Lenksäule war geknickt und besaß zudem ein Gelenk, das den gefürchteten Lanzeneffekt bei einem Unfall verhinderte. 1967 kamen dann noch die Sicherheits-Teleskoplenksäule und der Pralltopf im Lenkrad hinzu. Dementsprechend bliebt bei den Käufern war der Pagoden-Mercedes: Insgesamt 48 912 Exemplare der drei Versionen 230 SL (1963 bis 1967), 250 SL (1967) und 280 SL (1968 bis 1971) wurden produziert.

Technische Daten	
Baureihe:	W 113
Modell:	230 SL
Bauzeit:	1963 – 1967
Motor:	Reihen-6-Zyl. Benziner M 127 II
Motorbaumuster:	127.981
Ventile:	ohc
ccm:	2306
B x H:	82 x 72,8 mm
Leistung:	150 PS bei 5500/min
Drehmoment:	20,0 mkg bei 4200/min
Gemischaufb.:	6-Stempel-Einspritzpumpe
Getriebe:	4V, 1R, Mittelschaltung
Achskonstr. vorne:	Doppel-Querlenker
Achskonstr. hinten:	Eingelenk-Pendelachse mit Ausgleichsfeder
Bremsen:	Scheiben v /Trommel h
Höchstgeschw.:	200 km/h
Leergewicht:	1295 kg
Reifen/Felgen:	5,5 J x 14/185 HR 14
Radstand:	2400 mm
Spur v/h:	1488/1487 mm
L x B x H:	4285 x 1760 x 1320 mm

Porsche 911 Coupé

Der Porsche 911, der „Neunelfer", ist heute der Inbegriff für noble und schnelle Sportwägen. Dabei hätte er eigentlich anders heißen sollen: Porsche nannte den Wagen, der 1963 als Nachfolger des 356 auf der IAA in Frankfurt vorgestellt wurde, ursprünglich „901" – doch dagegen erhob Peugeot Einspruch, das sich bereits sämtliche Rechte an den Modellbezeichnungen mit drei Ziffern und einer „0" in der Mitte gesichert hatte. Also tauschte Porsche die „0" gegen eine „1" aus, und der 911 war geboren; die Vermarktung der Modelle unter der internen Entwicklungsnummer war bereits beim 356 erfolgreich praktiziert worden. Der Entwicklungsschritt zwischen seinem Vorgänger und dem 911er war gewaltig. Der Wagen war größer und geräumiger als der 356, der Radstand wurde vergrößert, und auch der Kofferraum wuchs – angeblich soll dies auf einen Wunsch von Ferdinand Alexander Porsche, dem Sohn von Firmengründer Ferry Porsche, persönlich zurückgehen, der als Vorgabe gesetzt haben soll, den Kofferraum so zu gestalten, dass darin mindestens ein Golfschlägerset untergebracht werden konnte. Neben modernerer Technik wurde natürlich auch ein komplett überarbeiteter Motor eingebaut: Statt des Vierzylinder- wurde nun ein Sechszylinder-Boxermotor verwendet, der aus zwei Litern Hubraum eine Leistung von 130 PS lieferte. Der Motor war luftgekühlt, und er hatte bereits den Motorenklang, der den 911er so einzigartig macht. Das Außendesign des Ur-911ers, der zunächst als Coupé konstruiert wurde, stammte von Karosseriekonstruktionsleiter Erwin Komenda (der auch den VW Käfer entwarf) und Ferdinand Alexander Porsche. Es blieb fast 30 Jahre lang unangetastet.

Technische Daten	
Baureihe:	Porsche 911
Modell:	Coupé
Bauzeit:	November 1964 – Juli 1967, als 911 L bis Juli 1968
Motor:	6 Zyl. Boxer
Ventile:	Zweiventiler, 2x1 obenliegende Nockenwellen, V-förmig hängend
ccm:	1991
B x H:	82 x 66 mm
Leistung:	130 PS (96 kW)/6100
Drehmoment:	174 Nm bei 4000
Gemischaufb.:	Sechs Solex Überlaufvergaser 40PI; ab 1966 zwei Weber Dreifachvergaser 40 IDS 3C
Getriebe:	5V, 1R
Bremsen:	Scheiben v/h
Höchstgeschw.:	210 km/h
0 – 100 km/h	9,1 sec.
Leergewicht:	1080 kg
Radstand:	2211 mm
Spur v/h:	1367/1335 mm
L x B x H:	4163 x 1610 x 1320 mm

Ford Taunus 17M

Als es daran ging, einen Nachfolger für den Taunus P3, die „Badewanne", zu entwerfen, erinnerte sich der Designer Wes Dahlberg einer Studie, die er 1957 unter dem Namen Ford Monaco erstellt hatte. Der im September 1964 vorgestellte Taunus 17M (P5) fiel jedoch noch ein Stück länger, breiter und höher aus. Der Luftwiderstandswert war trotzdem geringer. Der neue Taunus stand in der Tradition des P3, in der Tradition der „Linie der Vernunft". Das Fahrwerk hatte man gegenüber dem Vorgänger um 7,5 Zentimeter gestreckt und somit noch mehr Platz im Innenraum geschaffen. In der Sparte Beinfreiheit war der P5 führend in seiner Klasse. Neu war zudem das innovative Heizungssystem mit einem stufenlos verstellbaren Gebläse. Zudem hatten alle Modelle ein großes Armaturenbrett, in das fünf Rundinstrumente integriert waren. Als Basismotorisierung stand ein neu entwickeltes 1,5-Liter-Aggregat zur Verfügung, das 60 PS leistete und eine Höchstgeschwindigkeit von 140 km/h ermöglichte. Die vier Zylinder waren in V-Form angeordnet. Der Motor überzeugte durch seinen sparsamen Benzinverbrauch (8,1 Liter pro 100 Kilometer). Alternativ gab es auch eine 1,7-Liter-Maschine. Mit dem Taunus P5 ging Ford aber noch einen Schritt weiter. Unter dem Namen 20M war bei nur fünf Zentimeter längerer Karosserie auch ein V6-Zylindermotor im Angebot, der 85 PS leistete. Mit diesem kraftvollen Antrieb rannte der Taunus von 0 auf 100 km/h in 15,5 Sekunden. Und wenn der Fahrer auf dem Gas blieb, schaffte das Auto es bis auf 160 km/h. Die Innenausstattung war noch ein wenig edler als in den 17M-Versionen. Mit dem 20M wurde der deutsche Ableger in kurzer Zeit zum Marktführer für Sechszylinderautos.

Technische Daten	
Baureihe:	Ford
Modell:	17 M (1500)
Bauzeit:	1964 – 1967
Motor:	4 (60°-V-Form)
Ventile:	hängend; Stoßstangen und Kipphebel; zentr. Nockenwelle; Antrieb Stirnräder
ccm:	1498
B x H:	90 x 58,86
Leistung:	60 PS bei 4500/min
Antrieb:	Hinterräder; zweiteilige Kardanwelle
Gemischaufb.:	1 Fallstromvergaser; Solex 32 PDSIT-4 Mit Startautomatik
Getriebe:	3-Gang; 4-Gang
Bremsen:	hydraulisch; Scheibenbremsen vorn; Trommelbremsen hinten
Höchstgeschw.:	140 km/h
Leergewicht:	Lim. zweitürig 980 kg; Lim. viertürig 1000 kg; Kombi zweitürig 1050 kg; Kombi viertürig 1070 kg
Reifen/Felgen:	6,40-13 (4PR); 4½J x 13
Radstand:	2705 mm
Spur v/h:	1430; 1400 mm
L x B x H:	4585 x 1715 x 1480 mm

Trabant P 601

Nachdem 1963 bereits der Motor des Trabant leicht verbessert worden war und nun seine Kraft aus 600 Kubikzentimetern entfalten konnte, war schnell klar, dass dieses, Trabant 600 getaufte, Modell auch eine optische Auffrischung brauchte. Also entwarfen die Autobauer bei Sachsenring den 601, der ein Jahr später, 1964, auf den Markt kam. Die Karosserie des Zweitürers wuchs um 18 Zentimeter in die Länge. Trotzdem wurde das Auto um fünf Kilogramm leichter. Zugleich geriet die Linienführung deutlich moderner. Kühlergrill und Heckklappe wurden komplett neu gestaltet. Ab 1965 erweiterte der dreitürige Kombi „Trabant 601 Universal" die Modellpalette. Er brachte es dank umklappbarer Rücksitze auf ein Stauvolumen von bis zu 1400 Litern. Dennoch verlor der Trabant nun den Anschluss an die Entwicklungen auf dem internationalen Automobilmarkt. Der laute Zweitaktmotor war selbst in den „sozialistischen Bruderstaaten" mittlerweile durch kultiviertere Viertakter ersetzt worden – nur beim Trabant nicht. Eigentlich sollte 1967 ein runderneuerter Trabant auf den Markt kommen. Das blieb aber aus. Die Politelite der DDR scheute die Kosten und blockierte jede grundlegende Weiterentwicklung. Dieser Kurs setzte sich durch die kompletten siebziger Jahre hindurch fort. Der Trabant wurde zum Symbol der verkrusteten Wirtschaftspolitik in der DDR. Mangels Alternativen waren die Auftragsbücher dennoch voll. Wegen der jahrelangen Wartezeiten auf einen Neuwagen ließen sich selbst Gebrauchte nach mehreren Jahren im Einsatz noch zum Werkspreis weiterverkaufen. Es dauerte bis Mitte der Achtziger, bis wieder ein leises Lüftchen der Modernisierung durch die Modellpalette wehte.

Technische Daten	
Baureihe:	AWZ Trabant
Modell:	P601 Limousine
Bauzeit:	1964 – 1990
Motor:	2-Zyl.-Reihe
Ventile:	ohne
ccm:	595
B x H:	72 x 73 mm
Leistung:	23 PS (17 kW) bei 4000/min
Antrieb:	Vorderräder
Gemischaufb.:	1 Flachstromvergaser; BVF HB 28
Getriebe:	4-Gang-Schaltgetriebe
Bremsen:	Trommeln
Höchstgeschw.:	105 km/h
Leergewicht:	620 kg
Reifen/Felgen:	5.20-13
Radstand:	2020 mm
Spur v/h:	1210; 1260 mm
L x B x H:	3555 x 1504 x 1437 mm

Mercedes 600

So muss eine Staatskarosse aussehen: knapp zwei Meter breit, 5,54 Meter lang, selbstbewusst kantige Formen und auf der Kühlerhaube genügend Platz für Fähnchen. Der Mercedes 600, der im September 1963 auf der IAA in Frankfurt vorgestellt wurde, war ein Wagen für Präsidenten und Prominente – in der so genannten „Pullman"-Version war er sogar 6,24 Meter lang. Auch heute noch ist der „Sechshunderter" eine imposante Erscheinung, er verkörpert das Klischee der Staatskarosse wie kein anderes Auto. Das Klischee hatte allerdings seinen Preis: Weil viele der 2677 gebauten Modelle aufwändige Einzelanfertigungen waren, heißt es, dass Mercedes beim 600 überwiegend Verlust gemacht haben soll – finanziell, nicht jedoch, was das Image betrifft. Gerade bei Promis war der Mercedes 600 beliebt: Käufer waren unter anderem Elizabeth Taylor, John Lennon, Aristoteles Onassis, Herbert von Karajan und Elvis Presley. Der berühmteste Kunde aber war Papst Paul VI., der als Sonderanfertigung 1965 einen Mercedes 600 Landaulet bestellte, ein Wagen, der für den Chauffeur wie eine Limousine war, dem Chauffierten aber ein Cabrio-Verdeck bot. Das Modell des Papstes hatte vier Türen, einen einzelnen Sitz hinten, einen erhöhten Dachbau und einen höheren Boden im Fond. Allerdings war das Fahren mit so einer riesigen Karosse nicht billig: Bei einem Gewicht von 3350 Kilogramm benötigte der 600er in der Pullman-Version auf 100 Kilometer durchschnittlich 26,8 Liter Kraftstoff, weshalb der Tank stolze 112 Liter fasste. Die Bauzeit des Mercedes 600 endete im Juni 1981, nach 18 Jahren – seine Dienstzeit war damit länger als die der meisten Politiker.

Technische Daten	
Baureihe:	W 100 E 63
Modell:	600
Bauzeit:	1964 – 1981
Motor:	V8-Zyl. Benziner M 100
Motorbaumuster:	100.980
Ventile:	je Zylinderreihe 1 ohc
ccm:	6332
B x H:	103 x 95 mm
Leistung:	250 PS bei 4000/min
Drehmoment:	51 mkg bei 2800/min
Gemischaufb.:	8-Stempel-Einspritzpumpe
Getriebe:	4V, 1R, Lenkradautomatic
Achskonstr. vorne:	Doppel-Querlenker
Achskonstr. hinten:	Eingelenk-Pendelachse m. Niveauregulierung
Bremsen:	Scheiben v/h
Höchstgeschw.:	205 km/h
Leergewicht:	2475 kg
Reifen/Felgen:	6,5 J x 15 H/9.0 H 15, Supersport 6PR
Radstand:	3200 mm
Spur v/h:	1587/1581 mm
L x B x H:	5540 x 1950 x 1485 mm

Glas 1700 GT

Der September 1963 war ein historischer Monat für die Firma Glas: Auf der Frankfurter Automobilausstellung wurde das Coupé „1300 GT" vorgestellt – der Glas GT gilt bis heute als das bestgelungenste Modell, das Glas je gebaut hat. Elegant, verhältnismäßig günstig und leistungsstark – das waren die drei Attribute, die dem Glas GT damals zugeschrieben wurden. Die Preise für den GT lagen zwischen 11 600 und 13 850 DM, er wurde in zwei Varianten gebaut: als 1300 GT (März 1964 bis September 1967) und als 1700 GT (Mai 1965 bis September 1967). Letzterer verfügte über einen wassergekühlten Vierzylinder-Viertakt-Reihenmotor, der zum Modernsten gehörte, was die Motorentechnik damals zu bieten hatte und mit 100 PS immerhin 183 km/h ermöglichte, eine selbsttragende Ganzstahlkarosserie, ein Viergang-Schaltgetriebe, wahlweise auch ein Fünfgang-Getriebe – und, natürlich, das GT-typische, sportliche und ästhetische Design. Insgesamt wurden rund 5300 Fahrzeuge gebaut – inklusive der nur in geringer Stückzahl hergestellten Cabrio-Version -, davon etwa zwei Drittel vom 1300 GT und ein Drittel vom 1700 GT. Glas wollte nun auch in die höheren Fahrzeugsegmente vorstoßen, doch die Firma blieb im Ansehen der Öffentlichkeit weiterhin der Goggomobil-Erbauer. Die Geschichte, die Glas in 16 Jahren geschrieben hatte, war zwar beeindruckend – doch sie konnte nicht verhindern, dass am 10. November 1966 BMW die Firma für 9,1 Millionen Mark übernahm. Für den GT immerhin aber war dies noch nicht das Ende: BMW verpasste ihm einen neuen Motor und typische BMW-Merkmale, taufte ihn auf „BMW 1600 GT" und produzierte ihn weiterhin – noch bis Ende 1968.

Technische Daten	
Baureihe:	Glas
Modell:	Glas 1700 GT
Bauzeit:	1965 – 1967
Motor:	4-Zyl.-Reihe
Ventile:	V-förmig hängend; obenliegende Nockenwelle; Antrieb durch Zahnriemen
ccm:	1682
B x H:	78 x 88 mm
Leistung:	100 PS bei 5500/min
Antrieb:	Hinterräder; geteilte Kardanwelle
Gemischaufb.:	2 Flachstromvergaser; Solex 40 RH
Getriebe:	4- oder 5-Gang
Bremsen:	Scheibenbremsen vorn; Trommelbremsen hinten
Höchstgeschw.:	183 km/h
Leergewicht:	920 kg; Cabriolet 960 kg
Reifen/Felgen:	155 HR 14; 4½ J x 14
Radstand:	2320 mm
Spur v/h:	1260; 1200 mm
L x B x H:	4050 x 1550 x 1280 mm

So sehen Flaggschiffe aus: 1964 stellte Opel die so genannten „Großen Drei" vor – den Diplomat A, den Admiral A und den Kapitän A. Sie bildeten die Spitze der Modellpalette von Opel und hatten eine geradlinig-elegante Karosserie. Noch heute bezeichnet Opel die Großen Drei, die gemeinhin als „KAD A" abgekürzt werden, als Autos, „die genau den Zeitgeist und den Geschmack der Kunden trafen". Der Kapitän war das Einstiegsmodell, der Admiral war etwas luxuriöser ausgestattet, und der Diplomat war das Top-Modell. Schon damals kostete der Diplomat in der Basisversion 17 500 DM. Von seinen beiden Kollegen hob sich der Diplomat vor allem durch Details wie elektrische Fensterheber, Interieur mit Holzverzierung, Vinyldach und Automatik-Wählhebel ab. Das Coupé des Diplomat V8, dessen 5,4-Liter-Motor stattliche 230 PS leisten konnte, wurde gar zum seltensten Opel-Auto – in Einzelanfertigung entstanden lediglich 304 Exemplare. Der Admiral dagegen war länger im Produkt-Portfolio: 1969 wurde die A-Version von einer B-Version abgelöst, und erst 1977 kam mit dem Opel Senator der Nachfolger des Admiral auf den Markt. Etwas weniger gut ausgestattet als der Admiral, aber optisch genauso elegant, war der Kapitän. Er hatte ein Viergang-Getriebe und zwei Motoren zur Auswahl: einen 125-PS-Motor und einen 136-PS-Motor. Mit 55 876 verkauften Exemplaren war der Admiral das meistverkaufte Modell der KAD-A-Reihe, gefolgt vom Kapitän mit 24 871 und dem Diplomat mit 9152 Exemplaren – die Verkaufszahlen blieben damit hinter den Erwartungen zurück. Die Großen Drei wurden bis 1969 gebaut, dann wurde die Kad-A-Serie durch eine B-Serie abgelöst.

Technische Daten	
Baureihe:	Opel Admiral
Modell:	A V8 Limousine, viertürig
Bauzeit:	1965 – 1968
Motor:	V8, wassergekühlt
Ventile:	ohv, Stirnräder
ccm:	4554
B x H:	98,5 x 76,2 mm
Leistung:	190 PS/4600
Antrieb:	Hinterräder
Gemischaufb.:	Rochester-Fallstromvergaser
Getriebe:	Powerglide Automatik
Bremsen:	hydr., Scheiben v, Trommel h
Höchstgeschw.:	200 km/h
Leergewicht:	1550 kg
Reifen/Felgen:	185 HR 15
Radstand:	2845 mm
Spur v/h:	1494/1510 mm
L x B x H:	4948 x 1902 x 1445 mm

Opel Kapitän, Admiral, Diplomat (von vorne nach hinten)

Technische Daten	
Baureihe:	Opel Kapitän
Modell:	A 2,8 Liter S Limousine, viertürig; 2,8 Liter HL
Bauzeit:	1965 – 1968
Motor:	6 Zylinder Reihe, wassergekühlt
Ventile:	cih, Rollenketten
ccm:	2784
B x H:	92 x 69,8 mm
Leistung:	125 PS/4800; 140 PS/4900 (HL)
Antrieb:	Hinterräder
Gemischaufb.:	Solex-Fallstromvergaser
Getriebe:	4V, 1R, Mittelschaltung
Bremsen:	hydr., Scheiben v, Trommel h
Höchstgeschw.:	170 – 180 km/h
Leergewicht:	1390 kg
Reifen/Felgen:	7.00 S 14
Radstand:	2845 mm
Spur v/h:	1494/1510 mm
L x B x H:	4948 x 1902 x 1445 mm

Technische Daten	
Baureihe:	Opel Diplomat
Modell:	A Diplomat V8 Limousine, viertürig
Bauzeit:	1965 – 1968
Motor:	V8, wassergekühlt
Ventile:	ohv, Stirnräder
ccm:	4554; 5303
B x H:	98,4 x 76,2; 101,6 x 82,6 mm
Leistung:	190 PS/4600; 230 PS/4700
Antrieb:	Hinterräder
Gemischaufb.:	Rochester-Fallstromvergaser
Getriebe:	Powerglide Automatik
Bremsen:	hydr., Scheiben v, Trommel h
Höchstgeschw.:	200 km/h
Leergewicht:	1520 – 1590 kg
Reifen/Felgen:	185 HR 15
Radstand:	2845 mm
Spur v/h:	1494/1510 mm
L x B x H:	4948 x 1902 x 1445 mm

Opel Kadett B 1,1

Sein Name ordnete den Opel Kadett B ziemlich klar ein: Kein Admiral, kein Diplomat, kein Kapitän – nein, dieses Auto war ein Kadett, „nur“ ein Kadett. Doch wer sein Urteil lediglich auf die Bezeichnung stützte, der irrte. Der Kadett B schaffte, was seinem Vorgänger versagt blieb: Er ließ in Sachen Beliebtheit zeitweise den VW Käfer hinter sich. Als der Kadett B 1965 erstmals erschien, fiel schließlich sofort auf, dass er nicht mehr so zerbrechlich wirkte wie sein Vorgänger; er hatte stärkere Motoren, und die Lichtanlage wurde mit 12 Volt statt 6 Volt versorgt. Manches wurde allerdings auch vom Kadett A übernommen: Die Hinterachskonstruktion beispielsweise, die beim Gas geben schon mal bewirkte, dass der Kadett sein Hinterteil leicht anhob, oder auch die spartanische Innenausstattung – beides allerdings besserte sich im Laufe der Jahre und der Modellpflege. Den größten Einschnitt im Prozess der ständigen Veränderungen gab es am Ende der Werksferien 1967: Von nun an waren die Fahrzeuge mit größeren Leuchten, etwas modifiziertem Innenraum (wie dem nun leicht gepolsterten Amaturenbrett) und einer neuen Hinterachse (Schraubenfeder statt altmodischen Blattfedern) ausgestattet. Heute werden beim Kadett B deshalb zwei Kategorien unterschieden: „Bis-“ und „Ab-Modelle“, bis 1967 und ab 1967. Durchweg jedoch gab es den Kadett B in vielerlei verschiedenen Variationen: als Limousine, als Sportlimousine, als Kombi oder als Coupé. Als die Produktion 1973 schließlich zugunsten des Kadett C eingestellt wurde, waren 2,6 Millionen Fahrzeuge vom Typus Kadett B verkauft worden – eine Zahl, die Admiral, Diplomat und Kapitän zusammen nicht annähernd erreichten.

Technische Daten	
Baureihe:	Opel Kadett
Modell:	B 1,1; 1,1 S; 1,1 SR, Limousine zwei- und viertürig
Bauzeit:	1965 – 1973
Motor:	4 Zylinder Reihe, wassergekühlt
Ventile:	ohv, Rollenkette
ccm:	1078
B x H:	75 x 61 mm
Leistung:	45 PS/5000; 55 PS/5400; 60 PS/5200
Antrieb:	Hinterräder
Gemischaufb.:	Solex-Fallstromvergaser
Getriebe:	4V, 1R, Mittelschaltung
Bremsen:	Trommel v/h
Höchstgeschw.:	125; 135; 140 km/h
Leergewicht:	745 – 785 kg
Reifen/Felgen:	5.50 x 12 oder 155-13
Radstand:	2416 mm
Spur v/h:	1250/1280 mm
L x B x H:	4105 x 1573 x 1400 mm

Porsche 912 Coupé

Der Porsche 911 war, als er 1963 auf den Markt kam, nicht nur um einiges moderner, eleganter und leistungsfähiger als sein Vorgänger 356, sondern auch deutlich teurer. Um weniger finanzkräftigen Kunden auch weiterhin den Kauf eines Porsches zu ermöglichen, wurde der 356 bis 1965 weitergebaut – und im selben Jahr, als seine Produktion endgültig eingestellt wurde, durch den 912 ersetzt. Der Porsche 912 war also eine etwas schwächere Variante des 911ers, er hatte statt eines Sechszylinder-Motors den Vierzylinder-Motor aus dem Porsche 356 mit 1,6 Liter Hubraum und 60 PS. Und auch die Ausstattung des 912 war etwas simpler gehalten als beim großen 911er: Unter anderem wurden nicht fünf, sondern nur drei Rundinstrumente in der Grundausstattung angeboten, Uhr und Kombi-Instrument fielen der Streichung zum Opfer. Gegen einen Aufpreis allerdings war die 911-Innenausstattung wählbar. Abgesehen vom Motor und der Innenausstattung waren sich der 912 und der 911 ansonsten jedoch gleich, die Karosserie stammte vom 911er. So konnten Kunden sich für weniger Geld einen Wagen leisten, der aussah wie der schicke Porsche 911, nur eben ein bisschen langsamer fuhr. Als Karosserieformen wurden ebenfalls die gleichen beiden Varianten wie beim ersten 911er hergestellt: Das Coupé, und später (wie auch beim 911er) der Targa. Beide Modelle liefen noch bis Sommer 1968 vom Band.

Technische Daten	
Baureihe:	Porsche 912
Modell:	Coupé/Targa
Bauzeit:	März 1965 – Juli 1968; Targa Juli 1966 – Juli 1968
Motor:	4 Zyl. Boxer
Ventile:	Zweiventiler, zentrale Nockenwelle, V-förmig hängende Ventile
ccm:	1582
B x H:	82,5 x 74 mm
Leistung:	90 PS (66 kW)/5800
Drehmoment:	120 Nm bei 3500
Gemischaufb.:	Zwei Fallstromvergaser Solex 40 PII-4
Getriebe:	4V, 1R
Bremsen:	Scheiben v/h
Höchstgeschw.:	183 km/h
0 – 100 km/h	13,8 sec.
Leergewicht:	970 kg; Targa 995 kg
Reifen/Felgen:	165 HR 15 / 5,5 x 15 Zoll
Radstand:	2211 mm
Spur v/h:	1337/1317 mm
L x B x H:	4163 x 1610 x 1320 mm

Wartburg 353

Er war der „Mercedes im Arbeiter- und Bauernstaat“ – und zugleich das Auto, mit dem die Polizei auf Streife ging, die Post die Briefkästen abklapperte. Und das Auto der Stasi war der Wartburg 353 auch. Nach einer Übergangsphase 1965 und Anfang 1966 lief ab Juni 1966 auch die neue Karosserie des neuen Wartburg in Eisenach vom Band. Im Vergleich mit dem Trabant war der Wartburg modern gestaltet, zudem geräumig und komfortabel. Angetrieben wurde er von einem Dreizylinder-Zweitakter-Motor, der immerhin schon einen Liter Hubraum zur Verfügung hatte. Daraus ließen sich 45 PS Leistung schöpfen, was für 125 km/h Höchstgeschwindigkeit reichte. Die Räder des frontgetriebenen 4,22 Meter langen 353 waren einzeln aufgehängt. Im leeren Zustand wog er 920 Kilogramm. 1968 kam die Kombiversion „Tourist“ hinzu. Die Autoren der DDR-Zeitschrift „Der deutsche Straßenverkehr“ bekamen sich kaum mehr ein vor Begeisterung über das vermeintlich perfekte Federungsverhalten des 353. „Selbst erheblich teurere Importwagen reichen da bestenfalls heran, besser ist keiner“, hieß es. Der 353 wurde zum Dauerbrenner. Bis 1975 liefen 356 330 Exemplare vom Band. Der leicht modifizierte 353 W schaffte es bis 1988 gar auf 868 000 Stück. Ähnlich wie beim Trabant sorgte auch hier der Mangel an Alternativen für den Erfolg – obwohl der Wartburg spätestens ab den siebziger Jahren völlig veraltet war, was nicht an den Ingenieuren lag. Sie hätten Viertaktmotoren und neue Modelle in petto gehabt, durften die aber wegen der staatlichen Verhinderungspolitik nicht realisieren. Ab 1988 schließlich wurde ein von VW entwickelter Viertakter eingebaut. Doch 1990 stellte Wartburg die Produktion ein.

Technische Daten	
Baureihe:	AWZ Wartburg
Modell:	353 Limousine
Bauzeit:	1966 – 1990
Motor:	3-Zyl.-Reihe
Ventile:	ohne
ccm:	992
B x H:	73,5 x 78 mm
Leistung:	45 PS (32 kW) bei 4250/min
Antrieb:	Vorderräder
Gemischaufb.:	1 Fallstromvergaser; BVF 36-F1-11
Getriebe:	4-Gang-Schaltgetriebe
Bremsen:	Trommeln
Höchstgeschw.:	125 km/h
Leergewicht:	910 kg
Reifen/Felgen:	6.00-13
Radstand:	2450 mm
Spur v/h:	1260; 1300 mm
L x B x H:	4220 x 1642 x 1495 mm

Opel Rekord C

Autos und Erotik sind zwei Gebiete, die eigentlich nur für echte Autofans auf einen Nenner zu bringen sind. Beim Opel Rekord C aber schien das etwas anders zu sein: Das Heck, so ist heute oft über diesen Wagen zu lesen, habe den damals vor allem bei US-Wägen üblichen „erotischen Hüftschwung". Der Rekord C trug deshalb auch einen Beinamen: „Coke-Bottle", Cola-Flasche. Er kam 1966 auf den Markt und ersetzte den nicht einmal ein Jahr lang produzierten Rekord B – und wartete mit einer völlig neuen Karosserie auf. Die Rüsselsheimer Autobauer hatten ja auch lange daran gefeilt: Die Konzeptentwicklung des Rekord C startete bereits 1963. Der neue Opel hatte nicht nur eine veränderte Optik, sondern auch technische Neuerungen: Längerer Radstand, eine neu entwickelte Vorderachse mit Doppel-Querlenkern, Schraubenfedern und Drehstabilisator. Das Hinterachskonzept bot eine bessere Fahrstabilität als die Vorgängermodelle, weshalb es bei Opel bis 1986 nahezu unverändert beibehalten wurde. Die verschiedenen Motoren hatten zwischen 60 und 95 PS, der so genannte „Sprint"-Motor, der ab November 1967 gebaut wurde, schaffte sogar erstaunliche 106 PS. Auto-Liebhaber schwärmen heute vor allem vom Coupé: Sitze wie Fernsehsessel, ein großes Lenkrad, elegante Linienführung und natürlich keine Gurte. Zudem fehlte die Mittelsäule, was bei offenen Fenstern ein wenig Cabrio-Feeling vermittelte (ab 1967 wurde zwar der Umbau zum Cabrio angeboten, Modelle dieser Art sind heute jedoch äußerst selten). Es ist also nicht besonders überraschend, dass die C-Serie, die bis 1972 gebaut wurde, die erfolgreichste der Rekord-Reihe war: Mehr als 1,2 Millionen Exemplare wurden verkauft.

Technische Daten	
Baureihe:	Opel Rekord
Modell:	C Limousine 1900 S; 2200, viertürig
Bauzeit:	1966 – 1972
Motor:	4 bzw. 6 Zylinder Reihe, wassergekühlt
Ventile:	ohc, Rollenkette
ccm:	1897; 2239
B x H:	93 x 69,5; 82,8 x 69,8 mm
Leistung:	90 PS (66 kW)/5100; 95 PS (70 kW)/4800
Antrieb:	Hinterräder
Gemischaufb.:	Solex-Fallstromvergaser
Getriebe:	3V, 1R, Lenkradschaltung
Bremsen:	hydr., Scheiben v, Trommel h
Höchstgeschw.:	160 – 163 km/h
Leergewicht:	1080 – 1125 kg
Reifen/Felgen:	6.40 S 13
Radstand:	2668 mm
Spur v/h:	1400/1400 mm
L x B x H:	4550 x 1754 x 1456 mm

BMW 1600-2

Es war der 7. März 1966, als BMW seinen 50. Geburtstag feierte – an diesem Tag präsentierte der damalige Konzern-Chef Gerhard Wilcke den geladenen Gästen in der Bayerischen Staatsoper das neueste Modell: den BMW 1600-2. Kurz nach Einführung der 02er-Serie war der 1600-2 bereits der zweite Wagen dieser Baureihe, die eine Abrundung des BMW-Angebots nach unten darstellte und von der „Neuen Klasse" abgeleitet wurde. Die Modelle hatten die Ziffern „2" (für zwei Türen) am Ende ihrer Modellkennung, die ersten Ziffern bildeten stets den Hubraum des Motors ab. So hatte der BMW 1600-2 einen 1,6-Liter-Motor, der BMW 2002 einen Hubraum von 2,0 Liter. Zugleich setzte die 02er-Serie neue Maßstäbe im Rennsport – mit einer Weiterentwicklung des ab 1973 im BMW 2002 turbo verbauten Vierzylinder-Motors etwa holte Brabham-BMW 1983 gar den Formel-1-Weltmeistertitel. Technisch waren die 02er auf einem sehr guten Niveau: eine selbsttragende Stahlblech-Karosserie mit so genannter McPherson-Vorderachse und Schräglenker-Hinterachse, PS-Zahlen von 75 (Modell 1502) über 85 (Modell 1602) bis 100 (Modell 2002), die etwa dem 2002 eine Höchstgeschwindigkeit von 175 km/h erlaubten. Als letzte und zugleich leistungsstärkste Modelle der 02er-Reihe wurden der 2002ti, der 2002tii sowie der 2002 turbo konstruiert. Der 2002 turbo protzte zwar mit 175 PS, doch die Zeit meinte es nicht gut mit ihm: Die Welt stand mitten in einer Ölkrise, Autos mit hohem Benzinverbrauch waren da natürlich unerwünscht. 1975 wurde die 02er-Serie durch die 3er-Reihe abgelöst, das Einstiegsmodell 1502 wurde jedoch noch bis 1977 gebaut. Heute sind die Modelle BMW 02er-Reihe begehrte Sammlerobjekte.

Technische Daten	
Baureihe:	BMW 02er Reihe
Modell:	1600-2/1602; 1600 TI
Bauzeit:	1966 – 1975; 1967 – 1968
Motor:	4 Zyl.-Reihe, wassergekühlt
Ventilsteuerung:	V-förmig hängend, ohc
ccm:	1573
B x H:	84 x 71 mm
Leistung:	85 PS/5700; 105 PS/6000
Antrieb:	Hinterräder
Gemischaufb.:	1 Fallstromvergaser Solex 38 PDSI; 2-Doppel-Flachstromvergaser Solex 40 PHH
Getriebe:	4V, 1R; 1600 TI auf Wunsch 5-Gang, Mittelschaltung
Bremsen:	hydr., Scheiben v, Trommel h
Höchstgeschw.:	165; 175 km/h
Leergewicht:	940 kg, ab Sept. 1973 980 kg
Reifen/Felgen:	165 SR 13
Radstand:	2500 mm
Spur v/h:	1330/1330 mm, ab 1973 1342/1342 mm
L x B x H:	4230 x 1590 x 1410 mm

Opel Commodore A 2200

Als der Opel Commodore A 1967 als Coupé sowie als zwei- und viertürige Limousine auf den Markt kam, war er nicht allein in der Opel-Familie: Er wurde vorgestellt als „Schwestermodell des Opel Rekord C“. Das Besondere am Commodore A war die Verwendung einer neuen Motorengeneration, die so gut ankam, dass Opel sie bis in die 90er-Jahre bei verschiedenen Modellen verbaute. Technisch formuliert klang der neue Motor so: Eine im Zylinderkopf liegende Nockenwelle betätigte über eine Duplex-Rollenkette Hohlstößel, die wiederum auf die hängenden Ventile wirkten. Der Name dieser Motoren: „camshaft in head“, kurz CIH. Und die Zahlen dazu: 2,2 Liter Hubraum, 95 PS (bis 1968), 2,5 Liter Hubraum, 115 PS (ab 1969), zudem 2,5-Liter-Motoren mit 130 PS, 150 PS (ab 1970), 115 PS und 145 PS (beide ab 1971). Der Commodore A, das ist es, was diese Zahlen aussagen, konnte sich sehen lassen auf den deutschen Straßen. Teilweise war er sogar mit Fünfgang-Getriebe erhältlich – schließlich waren PS-starke Fahrzeuge in den 60er Jahren gerade in Mode gekommen. Das ist auch der Grund, weshalb Opel den Commodore überhaupt entwickelte: „Wir wollen wieder links fahren“, wie Chefingenieur Hans Mersheimer damals sagte. Die Topmodelle – Kapitän, Admiral, Diplomat – boten zwar enorm starke Motoren, für die gehobene Mittelklasse allerdings wurde die Wahl schwierig. Und weil Mersheimer ein ganz neues Modell wollte, eines mit eigener Identität, wurde der Commodore A erschaffen. 1972 folgte ihm der Commodore B nach und 1978 der Commodore C, der noch bis 1982 gebaut wurde. Die Motoren wurden leistungsstärker – das Grundprinzip aber blieb das gleiche.

Technische Daten	
Baureihe:	Opel Commodore
Modell:	A 2200; 2500 S 2500 GS; Limousine u. Coupé
Bauzeit:	1967 – 1971
Motor:	6 Zylinder Reihe, wassergekühlt
Ventile:	cih, Rollenkette
ccm:	2239; 2490
B x H:	82,5 x 69,8; 87 x 69,8 mm
Leistung:	95/4400; 115 PS/5200; 130 PS/5300
Antrieb:	Hinterräder
Gemischaufb.:	Solex-Fallstromvergaser
Getriebe:	4V, 1R, Mittelschaltung
Bremsen:	hydr., Scheiben v, Trommel h
Höchstgeschw.:	163; 170; 180 km/h
Leergewicht:	1130 – 1170 kg
Reifen/Felgen:	165 S14 (ab 8/1969: 165 HR 14)
Radstand:	2668 mm
Spur v/h:	1410/1410 mm
L x B x H:	4574 x 1754 x 1445 mm

1963 gelang NSU eine Sensation: Mit dem NSU Wankel-Spider wurde nach mehr als zehnjähriger Entwicklungszeit das weltweit erste Serienfahrzeug mit Wankel-Motor präsentiert, einem Rotationskolbenmotor, der nach seinem Erfinder Felix Wankel benannt ist. Der Wankel-Spider war ein zweisitziges Cabriolet, das auf der Basis des NSU Sportprinz entstand und sich von ihm äußerlich - neben Cabriotypischen Merkmalen wie dem Verdeck - vor allem durch die Lufteinlässe an der Front für den vorne eingebauten Wasserkühler unterschied. Er wurde bis 1967 exakt 2375 Mal gefertigt und kostete damals zwischen 7000 und 8500 DM. Sein Motor, der den Wankel-Spider von null auf hundert in 14,5 Sekunden beschleunigte, war der Vorläufer für den Zweischeiben-Wankelmotor des NSU Ro 80. Der Ro 80 wurde im September 1967 präsentiert, er war ein völlig neues Modell in der gehobenen Mittelklasse. Der Motor war 115 PS stark, die Karosserie zeigte Stilelemente, die Jahre später zum Standard im Karosseriedesign gehören sollten: Mit ihrem damals noch ungewöhnlichen Windkanal, einer erstaunlich flachen Frontpartie und einer sehr stark geneigten Windschutzscheibe war sie bis ins Detail aerodynamisch ausgefeilt. Der Ro 80 zählt aus heutiger Sicht zu den bemerkenswertesten Autos der 60er Jahre, seit 1950 hatte NSU mit Felix Wankel an dem neuartigen Motor getüftelt. Doch er hatte einen Nachteil: den Verbrauch. Offiziell benötigte der Ro 80 ca. 15 Liter Normalbenzin auf 100 Kilometer,

NSU Ro 80

doch Tests ergaben damals sogar einen Verbrauch von 17,4 Litern. Vermutlich war dies der Grund, dass der erhoffte Durchbruch des Wankel-Prinzips letztlich ausblieb.

Technische Daten	
Baureihe:	NSU
Modell:	Ro 80
Bauzeit:	1967 – 1977
Motor:	NSU/Wankel Kreiskolbenmotor
Anzahl der Scheiben:	2
Ventile:	ohne
ccm:	497,5
B x H:	--- mm
Leistung:	115 PS (85 kW) bei 5500/min
Antrieb:	Frontantrieb; Motor vor, Getriebe hinter der Vorderachse

Technische Daten	
Gemischaufb.:	2 Flachstrom-Registervergaser; Solex 18/32 HHD; ab März 1972: 1 Doppel-Fallstromvergaser Solex 32 DDITS mit Startautomatik
Getriebe:	3-Gang
Bremsen:	Zweikreis-Hydraulik; Servohilfe
Höchstgeschw.:	181 km/h
Leergewicht:	1250 kg
Reifen/Felgen:	175 SR 14 oder 175 Hr 14; 5J x 14
L x B x H:	4780 x 1760 x 1410 mm

Porsche 911 Targa

Die Urversion des Porsche 911 war nur in einer Variante erhältlich: als Coupé. Das änderte sich Anfang 1966, als Porsche als zweite Karosserievariante den Targa einführte. Der Targa (ital. „Schild“) ist eine bis heute verwendete Karosserieform, in der die Vorteile des Coupés und des Cabriolets miteinander verbunden werden sollen. Sein Hauptmerkmal ist die besondere Dachkonstruktion: Der Targa besitzt einen integrierten Überrollbügel, der fest montiert ist, und einen herausnehmbaren Dachmittelteil. Als Ausstattungsvarianten kamen im Laufe der Jahre verschiedene Wahlmöglichkeiten ins Programm: Variante „T“ für „Touring“, dem Einstiegsmodell, das als einziges Modell mit Viergang-Getriebe fuhr, dazu „L“ („Luxus“) und „E“ („Einspritzer“), die beide stärker motorisiert und besser ausgestattet waren als der 911 T, und schließlich die Variante „S“ für „Sport“. Der 911 S war das Topmodell, er hatte zwar eine ähnliche Basistechnik wie die anderen Varianten – Stahlscheibenbremsen, Einzelradaufhängung, selbsttragende Stahlkarosserie, Fünfgang-Getriebe -, doch war er mit dem leistungsstärksten Motor ausgestattet. In der ersten Version leistete der Motor bei 1991 Kubikzentimeter Hubraum 170 PS, die später konstruierten 911 S 2.2 und 911 S 2.4 erreichten bei 2195 bzw. 2341 Kubikzentimetern Hubraum 180 bzw. 190 PS. Bei all den Änderungen und leistungssteigernden Maßnahmen wurde jedoch eine beim 356 eingeführte stilistische Kleinigkeit beibehalten – egal, ob beim 911 Coupé, beim Targa oder beim 911 S: Die Position des Zündschlüssels war links neben der Lenksäule. Im historischen Rennsport waren die Schlüssel links einzustecken, da die Rennwagen beim Start neben der Rennstrecke geparkt standen und die Piloten erst zu ihren Fahrzeugen laufen und diese dann starten mussten; ein links positionierter Zündschlüssel sparte Zeit. Damit wollte Porsche auch für seine Serienmodelle die Assoziation zum Rennsport herstellen – nicht nur mit seinen Motoren.

Technische Daten	
Baureihe:	Porsche 911 T
Modell:	Coupé, Targa
Bauzeit:	November 1967 – Juli 1969
Motor:	6 Zyl. Boxer
Ventile:	Zweiventiler, 2x1 obenliegende Nockenwellen, V-förmig hängend
ccm:	1991
B x H:	82 x 66 mm
Leistung:	110 PS (81 kW)/5800
Drehmoment:	157 Nm bei 4200
Gemischaufb.:	Zwei Weber Dreifachvergaser
Getriebe:	5V, 1R
Bremsen:	Scheiben v/h
Höchstgeschw.:	200 km/h
0 – 100 km/h	10,0 sec.
Leergewicht:	1080 kg
Reifen/Felgen:	165 HR 15 / 4,5 x 15 Zoll
Radstand:	2211 mm
Spur v/h:	1367/1335 mm
L x B x H:	4163 x 1610 x 1320 mm

Ford Escort

Das Jahr 1968 brachte einen tiefen Einschnitt für die Ford-Werke in Köln mit sich. Auf Beschluss der Fordzentrale in den USA hin mussten die Dependancen in Großbritannien und Deutschland einheitliche Modelle auf den Markt bringen, um Kosten zu sparen. 1968 schließlich kam das erste Auto dieser Art auf den Markt: der Ford Escort. Er sollte gegen VW Käfer und Opel Kadett antreten. Der von der britischen Fordsparte entwickelte Escort erbrachte auf der Insel zwar passable Verkaufszahlen, in Deutschland hingegen wurde er zum Flop. Ford in Köln musste das spartanische Modell aus Großbritannien mit ein paar Ausstattungsdetails aufwerten, um auf dem deutschen Markt überhaupt eine Chance zu haben. An den grundsätzlichen Problemen, der von manchen als „pummelig" empfundenen Karosserie und den veralteten Motoren zwischen 40 und 64 PS, änderte das aber nichts. Hinzu kam, dass die strengen Kostenvorgaben in der Produktion zu Schwächen in der Verarbeitung führten, was den Namen der Marke Ford beschädigte. Die Vereinheitlichung der Herstellung führte auch dazu, dass viele große Blechteile verwendet wurden, die schon bei kleinen Schäden mit großem Aufwand und für viel Geld ausgetauscht werden mussten. Für ähnliche Probleme sorgte es im Schadensfall, dass die Kotflügel nicht wie vorher üblich festgeschraubt, sondern verschweißt waren. Ford arbeitete zwar über die Jahre an vielen Schwächen des Escort. Dieser Versuch, ein europäisches Einheitsauto zu etablieren, scheiterte dennoch. Meriten erwarb sich der Escort immerhin im Rennsport. So kam 1973 in Deutschland das zweifarbig lackierte Topmodell RS 2000 auf den Markt, das mit 99 PS mehr als genug Leistung entfaltete.

Technische Daten	
Baureihe:	Ford
Modell:	Escort 1100
Bauzeit:	1968 – 1974
Motor:	4-Zyl.-Reihe
Ventile:	hängend; Stoßstangen und Kipphebel; seitl. Nockenwelle; Antrieb Einfachkette
ccm:	1098
B x H:	81 x 53,3
Leistung:	40 PS (29 kW) bei 5300/min ab Sept. 1970: 44 PS (32 kW) bei 6000/min
Antrieb:	Hinterräder
Gemischaufb.:	1 Ford Fallstromvergaser
Getriebe:	4-Gang
Bremsen:	Zweikreis-Hydraulik; Trommelbremsen vorn und hinten
Höchstgeschw.:	127 km/h
Leergewicht:	Lim. zweitürig 825 kg; Lim. viertürig 845 kg; Kombi 880 kg
Reifen/Felgen:	Lim.: 6,00-12 (4PR); Kombi: 6,00-12 (6PR); Strada: 165 SR 13; 4,00 Kombi 4,50C x 12; Strada: 5,00J x 13
Radstand:	2400 mm
Spur v/h:	1245; 1270 mm
L x B x H:	Lim. 3978 (4052) x 1570 x 1400 mm; Kombi: 4070 (4144) x 1565 x 1425 mm

VW 411

Nach den Erfolgen mit dem Käfer und der Baureihe 1500/1600 beschloss VW, auf eine gehobenere Kundenschicht zu zielen und die erste Familienkutsche ins Programm zu nehmen. 1968 kam der VW 411 auf den Markt. Auch beim 411 saß ein luftgekühlter Vierzylinder-Boxermotor im Heck. Dieses Auto aber war deutlich kräftiger konzipiert als seine Vorgänger. Der Typ 4 brachte es schon zu Beginn auf 68 PS, erzeugt aus 1679 ccm Hubraum. Die enorme Leistungssteigerung erzielten die Entwickler durch den Einbau von zwei Solex-Vergasern. Der 411 schaffte es auf eine Höchstgeschwindigkeit von 145 km/h. 1969 setzte VW noch einen drauf und bot den 411 mit Einspritzung an, was die Leistung noch einmal steigerte, auf 80 PS. Neben der manuellen Viergangschaltung war auch eine Dreigangautomatik erhältlich. Trotzdem blieb der Verkauf des 411 hinter den Erwartungen zurück. Es gab zwar zwei- und viertürige Limousinen. Der Kombi unter dem Namen Variant aber war nur dreitürig im Angebot. VW hatte den Trend zum Fünftürer verschlafen. Auch das Heckmotorkonzept war für Autos dieser Klasse nicht mehr auf der Höhe der Zeit. Um einen für Familien angemessenen Stauraum anbieten zu können wurde der Kofferraum vorne aufgebläht. Wegen der dadurch entstandenen großen „Schnauze" bekam der 411 den Spitznamen „Nasenbär". Bösartigere Zeitgenossen formten aus der 411 den Slogan „4 Türen, 11 Jahre zu spät". Auch die 1973 erschienene überarbeitete Version 412 schaffte nicht mehr die Wende zum Besseren. Schon 1974, nach sechs Produktionsjahren und nur 355 000 Käufern stellte VW die Modellreihe ein und verabschiedete sich für die Zukunft vom Heckmotorprinzip.

Technische Daten	
Baureihe:	VW Typ 4
Modell:	411 Limousine; zwei- und viertürig
Bauzeit:	1968 – 1969
Motor:	4-Zylinder Boxer; luftgekühlt
Ventile:	ohv; zentrale Nockenwelle
ccm:	1679
B x H:	90 x 66 mm
Leistung:	68 PS bei 4500/min
Antrieb:	Hinterräder
Gemischaufb.:	2 Solex-Vergaser
Getriebe:	4V
Bremsen:	Scheiben v/ Trommel h; Zweikreis
Höchstgeschw.:	145 km/h
Leergewicht:	1020 – 1040 kg
Reifen/Felgen:	155 SR 15
Radstand:	2500 mm
L x B x H:	4525 x 1635 x 1485 mm

Mercedes 200 D

Das Magazin „Der Spiegel" schrieb 2001 über den Mercedes 200 D: „Zwischen all den Cw-Wert optimierten Schnauzen moderner Fahrzeuge ist er mit seinen Hochkantscheinwerfern einfach ein Gesicht in der Menge. Das Allerweltsauto des letzten Jahrhunderts ist plötzlich wer: eine Persönlichkeit." Der 200 D wurde 1968 vorgestellt, und er war tatsächlich: ein Allerweltsauto. Keine herausragende Motorleistung, keine auffallend aerodynamische Karosserie, vielmehr gilt der 200 D bis heute als eines der langsamsten Großserienfahrzeuge aus dem Hause Mercedes – und doch: Der Mercedes „Strich-Acht" (wegen des Erscheinungsjahres 1968), zu dem neben dem 200 D auch andere Modelle wie der 280 zählten, wurde fast zwei Millionen Mal verkauft, fast so oft wie vor ihm alle Nachkriegsmercedes zusammen. Was den „Strich-Acht" vor allem auszeichnete, war seine Zuverlässigkeit: Auch heute sind noch einige Modelle im Straßenverkehr zu sehen. Zu seiner Zeit aber verkörperte er eher das Image des aufgeräumten Biedermanns, der ganz unsportlich über die Fahrbahn rollt, im Verkaufsprospekt war damals ja auch die Rede von „Sicherheitskopfstützen, Sicherheits-Außenspiegeln und Sicherheits-Automatikgurten". Mit dem 200 D und der restlichen Modelle der „Strich-Acht"-Reihe setzte Mercedes jedoch ein Zeichen: Die Zeit der Sachlichkeit begann. Sicherheit und Schlichtheit wurden nun groß geschrieben, weshalb auch dieser Satz im Prospekt geschrieben stand: „Eleganz heißt, in Rufweite hinter der Mode zu sein." Der „Strich-Acht" war also in Wahrheit ein mutiger Vorreiter. Die Jahre konnten seiner großen Beliebtheit nichts anhaben – bis heute.

Technische Daten	
Baureihe:	W 115 D 20
Modell:	D / 8
Bauzeit:	1968 – 1976
Motor:	4-Zylinder Diesel OM 615 D 20
Ventile:	1 ohc
ccm:	1988
B x H:	87 x 83,6 mm
Leistung:	55 PS bei 4200/min
Drehmoment:	11,5 mkg bei 2400/min
Antrieb:	---
Gemischaufb.:	4-Stempel-Einspritzpumpe
Getriebe:	4V, 1R, Lenkrad- oder Mittelschaltung
Bremsen:	Scheiben v/h
Höchstgeschw.:	130 km/h
Leergewicht:	1365 kg
Reifen/Felgen:	6.95 S 14; 5,5J x 14 H2
Radstand:	2750 mm
Spur v/h:	1444; 1440 mm
L x B x H:	4685 x 1770 x 1440 mm

Opel GT

Erstaunen und Begeisterung – das waren die Reaktionen, als der „Opel GT Experimental" auf der Internationalen Automobilausstellung 1965 vorgestellt wurde. Seit 1963 hatten sich die Rüsselsheimer Autobauer mit dem GT beschäftigt, zunächst mit Designstudien aus Plastilin. Der „Gran Turismo" passte eigentlich nicht zu Opel, dem etwas biederen Autohersteller mit den bodenständigen Wägen. Über die tatsächliche Realisierung hielt sich Opel denn auch lange bedeckt – erst 1968 kam der GT als zweisitziges Coupé auf den Markt. Und das nicht ohne Probleme: Eigentlich waren keine Kapazitäten für den GT frei. Eine Kleinserie von 30 000 Stück pro Jahr – das entsprach etwa einem Zehntel der Kadett-Produktion – ließ sich nicht einfach so in die gut ausgelasteten Werke dazwischen schieben. Die Produktion wurde deshalb aufgeteilt: Zwei Fremdfirmen in Frankreich übernahmen Karosserie, Lackierung, Technik und Innenausstattung; nur Motor, Fahrwerk und Getriebe wurden in Bochum dazugesetzt. Der GT war ohnehin ein Fahrzeug von internationalem Interesse: Als durch gezielte Indiskretion der Preis bekannt wurde – 10 000 DM, damals ungefähr 8,5 durchschnittliche Bruttomonatsgehälter – wurde der GT auch in den USA bekannt. Auffällig sind zwei Alleinstellungsmerkmale: Zum einen das so genannte „Coke-Bottle-Shape", das schmale Mittelteil also, und zum anderen die Klappscheinwerfer, die sich entlang der Längsachse des Wagens herausdrehen konnten. Der GT wurde bis 1973 über 100 000 Mal gebaut, er wurde zu einem Image-Produkt für Opel. Heute ist er offiziell ein „historisches Fahrzeug", es existieren noch diverse Modelle – und zahlreiche GT-Clubs.

Technische Daten	
Baureihe:	Opel GT-AL, GT-A
Modell:	GT Coupé 100 SR; 1900 S
Bauzeit:	1968 – 1973
Motor:	4 Zylinder Reihe, wassergekühlt
Ventile:	ohv; cih, Rollenkette
ccm:	1078; 1897
B x H:	75 x 61; 93 x 69,8 mm
Leistung:	60 PS/5200; 90 PS/5100
Antrieb:	Hinterräder
Gemischaufb.:	Solex-Fallstromvergaser
Getriebe:	4V, 1R, Mittelschaltung
Bremsen:	Scheiben v, Trommel h
Höchstgeschw.:	155; 185 km/h
Leergewicht:	845 – 940 kg
Reifen/Felgen:	165 HR 13; 155 HR 13
Radstand:	2431 mm
Spur v/h:	1254/1278; 1254/1284 mm
L x B x H:	4113 x 1580 x 1225 mm

Audi 100

Die Entstehungsgeschichte des Audi 100 ist außergewöhnlich, geradezu legendär. Sie geht so: 1965 kaufte Volkswagen die konkursbedrohte Auto Union auf, mit dem Hintergedanken, somit ein weiteres Montagewerk für den beliebten VW Käfer zu erhalten, und tatsächlich rollte der Käfer nun auch in Ingolstadt vom Band. Der damalige VW-Chef Heinrich Nordhoff ordnete an, dass bei Audi keine neuen Modelle mehr entwickelt werden sollten, doch der von Daimler-Benz geholte Techniker Ludwig Kraus hielt sich nicht daran. Er glaubte nicht an den ewigen Erfolg des Käfer und machte sich – zumeist nach Feierabend – ohne Wissen der Konzernleitung an die Entwicklung eines neuen Modells: des Audi 100. Als er fertig war, präsentierte er seine Idee Nordhoff, der stimmte schließlich zu, eine einmalige Auflage von 100 000 Fahrzeugen zu produzieren. Audi produzierte also – und die Nachfrage schien nicht enden zu wollen. 1976, als die erste Version des Audi 100 nach acht Jahren durch eine zweite abgelöst wurde, waren 827 474 Fahrzeuge vom Band gelaufen. Der Techniker Ludwig Kraus ermöglichte somit nicht nur Audi (das 1969 mit NSU fusioniert war) die Etablierung als eigenständige, wenn auch noch immer dem Volkswagen-Konzern angehörende Marke, sondern rettete auch VW vor dem Ruin: In den frühen 70er Jahren war VW durch die Fixierung auf den Käfer in starke Bedrängnis gekommen, konnte aber durch die Audi-Komponenten seine Produktionspalette innerhalb kürzester Zeit erweitern, was schließlich die Rettung bedeutete. Der Audi 100 wurde noch bis 1994 in vier verschiedenen Varianten produziert, er ist bis heute eines der erfolgreichsten Fahrzeuge des Audi-Konzerns.

Technische Daten	
Audi 100	
Baureihe:	Audi 100
Modell:	Audi 100/S/LS
Bauzeit:	1968 – 1971
Motor:	4-Zyl.-Reihe
Ventile:	hängend; seitl. Nockenwelle
ccm:	1760
B x H:	81,5 x 84,4 mm
Leistung:	80 PS (59 kW) bei 5000/min; 90 PS (66 kW) bei 5500/min; 100 PS (74 kW) bei 5500/min
Antrieb:	Vorderräder
Gemischaufb.:	1 Fallstromvergaser Solex 35 PDSIT-5; 100 LS: 1 Fallstromvergaser Solex 32/32 TDID
Getriebe:	4V, 1R
Bremsen:	Scheiben v/ Trommel h
Höchstgeschw.:	155/162/172 km/h
Leergewicht:	1050/1060/1080 kg
Reifen/Felgen:	165 SR 14
Radstand:	2675 mm
Spur v/h:	1420/1425 mm
L x B x H:	4590 x 1729 x 1421 mm

VW 181

Als die Bundeswehr darum bat, ging VW ins Gelände. Das Militär war Ende der sechziger Jahre auf der Suche nach einem geländegängigen Mehrzweckfahrzeug. Der Auftrag ging nach Wolfsburg. Auf der IAA 1969 schließlich präsentierte VW den 181. Die Bundeswehr bestellte gleich 2000 Stück dieses so genannten Kurierwagens. Der Name war sorgsam gewählt. Denn VW wollte verhindern, dass das Auto den Namen „Kübel" bekam. Als „Kübel" nämlich firmierten während des Zweiten Weltkriegs in Wolfsburg produzierte Militärfahrzeuge der Wehrmacht. Doch es half nichts. Die Ähnlichkeiten waren zu frappierend. Schnell hieß auch der 181 „Kübel". Die Konstruktion des Wagens orientierte sich nicht an aktuellen Trends, sondern an Nützlichkeitserwägungen. Die kastenförmige Karosserie hatte vier Halbtüren, die bei Bedarf schnell ohne Werkzeug abzunehmen waren. Die Windschutzscheibe ließ sich umklappen. Als echter Geländewagen aber ging der 181 nicht durch. Dafür fehlte ihm der Allradantrieb. Auch die Motorisierung war eher schwachbrüstig. Der 181 wurde von einem 1,5-Liter-Käfermotor mit 44 PS angetrieben. Das reichte für 116 km/h – eine Geschwindigkeit, bei der die Windschutzscheibe aber dann doch besser oben bleibt. Der 181 wurde mit 140 000 verkauften Exemplaren zu einem Erfolg, trotz des für Privatkunden stattlichen Preises von 8500 DM für ein spartanisches, im Grunde fast nacktes Auto. Dafür konnte sich der stolze Besitzer wie ein Grenzschützer fühlen. Der Bundesgrenzschutz setzte den 181 vor allem an der innerdeutschen Trennlinie ein. 1972 wurde die Produktion nach Mexiko verlagert, auch weil der 181 in den USA erfolgreich war, unter anderem als Beachauto Acapulco. 1979 stellte VW den 181 ein.

Technische Daten	
Baureihe:	VW Käfer 44 PS
Modell:	Typ 181
Bauzeit:	1969 – 1979
Motor:	4-Zylinder Boxer; luftgekühlt
Ventile:	ohv; zentrale Nockenwelle
ccm:	1493
B x H:	83 x 69 mm
Leistung:	44 PS bei 4000/min
Antrieb:	Hinterräder
Gemischaufb.:	1 Solex-Vergaser
Getriebe:	4V
Bremsen:	Zweikreis; Trommel v/h
Höchstgeschw.:	115 km/h
Leergewicht:	910 kg
Reifen/Felgen:	165 SR 15 M+S
Radstand:	2400 mm
L x B x H:	3780 x 1640 x 1620 mm

Capri – das klingt nach einem Eis am Stiel, nach Urlaub in Italien, nach den in einem Schlager von Rudi Schuricke besungenen Fischern auf der italienischen Insel. Die Vorgeschichte des Ford Capri hat aber wenig mit Mittelmeeridyll zu tun. Denn das Vorbild des 1969 vorgestellten Sportcoupés war der Ford Mustang, ein in den USA enorm erfolgreicher Wagen, dessen Image mehr in Richtung Cowboys, Pferde, Wildwestromantik ging. Aus der Konzernzentrale in den USA erging also der Auftrag nach Europa, gemeinsam einen „Mustang light“ zu entwickeln. Das Ergebnis der Bemühungen lehnte sich optisch klar an das Vorbild an. Besonders auffallend war die lange Motorhaube. Insgesamt war der Capri eine lange, aber auch niedrige und breite Erscheinung auf Deutschlands Straßen, ein so genanntes „Fastbackcoupé“. Ford bot eine breite Motorenpalette, die verschiedenen Ansprüchen gerecht werden sollte. Der preisbewusste Kunde wurde mit einem 50-PS-Aggregat bedient, das dem Wagen allerdings jedes sportliche Flair raubte. Schneller als 133 km/h ging mit diesem Modell nicht. Am anderen Ende stand der 2300 GT mit stattlichen 108 PS, der es auf 178 km/h brachte. 1970 dann legte Ford nach und brachte den 2600 RS auf den Markt. Mit 2,6 Litern Hubraum und 160 PS hatte Ford nun einen echten Sportwagen im Angebot, der in acht Sekunden von 0 auf 100 km/h beschleunigte und es auf 200 km/h in der Spitze brachte. Der Capri wurde für Ford ein echtes Erfolgsauto. Nach nur neun Monaten lief in Köln schon das 75 000. Exemplar vom Band. Mit diesem Auto begann in Deutschland auch die Geschichte des heute quer durch alle Marken verbreiteten optischen Tunings.

Technische Daten	
Baureihe:	Ford
Modell:	Capri 1300
Bauzeit:	1969 – 1972
Motor:	4 (60°-V-Form)
Ventile:	hängend; Stoßstangen und Kipphebel; zentr. Nockenwelle; Antrieb Stirnräder
ccm:	1305 (Steuer 1288)
B x H:	84 x 88,86
Leistung:	50 PS bei 5000/min
Antrieb:	Hinterräder; einteilige Gelenkwelle
Gemischaufb.:	1 Fallstromvergaser mit Startautomatik
Getriebe:	4-Gang
Bremsen:	Zweikreis-Hydraulik; Scheibenbremsen vorn; Trommelbremsen hinten
Höchstgeschw.:	133 km/h
Leergewicht:	975 kg
Reifen/Felgen:	6,00-13 (4PR); Auf Wunsch 165 SR 13; 4½J x 13
Radstand:	2559 mm
Spur v/h:	1346; 1320 mm
L x B x H:	4262 (4303) x 1645 x 1330 mm

Ford Capri 1300

Porsche 914

Schon der erste Porsche überhaupt war aus einem Volkswagen, dem Käfer, entstanden. Beim Porsche 914, der ab Herbst 1969 produziert wurde, war das ähnlich: Er ist in Kooperation von Porsche und VW entwickelt worden, es gab sogar zwei verschiedene Ausführungen mit zwei verschiedenen Motoren. Äußerlich allerdings war der Porsche 914 in beiden Versionen gleich: Ein zweisitziger Mittelmotor-Sportwagen mit Targa-Dach. Die Kooperation der beiden Autofirmen war allerdings nicht von dauerhaftem Glück. Sie kam zustande, weil VW-Chef Heinrich Nordhoff der Porsche-Familie sehr eng verbunden war, und weil beiden Firmen etwas fehlte: Porsche ein preiswertes Einstiegsmodell, da der Nachfolger des 356, der Porsche 912, sich gegenüber den Sportwagen der Konkurrenz nicht vollständig durchsetzen konnte – und VW ein sportliches Modell als Nachfolger des veralteten Karmann Ghia. Also vereinbarten Nordhoff und Ferry Porsche per Handschlag, dass Porsche mit seinem Know-how für die Entwicklungsarbeit sorgen sollte, VW mit einem hohen Absatz für geringe Fertigungskosten. Doch dann erkrankte Nordhoff und starb am 12. April 1968 – fünf Wochen, nachdem der Prototyp vorgestellt worden war. Nordhoffs Nachfolger, Karl Lotz, hatte keine persönliche Bindung zur Porsche-Dynastie, und erkannte die mündliche Abmachung zwischen Nordhoff und Porsche nicht an. Es kam zu einem Kompromiss, im Zuge dessen die „VW-Porsche Vertriebsgesellschaft GmbH“ gegründet wurde. Die Vermarktung und Positionierung des 914 war damit allerdings auf wackligen Beinen gestellt – die Folge: Der 914 wurde als „Volks-Porsche“ verspottet. Dennoch lief der Verkauf erstaunlich gut: Bis zum Produktionsende 1972wurden rund 120 000 Exemplare verkauft.

Technische Daten	
Baureihe:	Porsche 914 / 6
Modell:	Targa
Bauzeit:	August 1969 – Juli 1972
Motor:	6 Zyl. Boxer
Ventile:	Zweiventiler, 2x1 obenliegende Nockenwelle, V-förmig, hängend
ccm:	1991
B x H:	80 x 66 mm
Leistung:	110 PS (81 kW)/5800
Drehmoment:	160 Nm bei 4200
Gemischaufb.:	Zwei Weber-Dreifachvergaser 40 IDT
Getriebe:	5V, 1R, (ab 1970 auch Automatik)
Bremsen:	Scheiben v/h, vorne innenbelüftet
Höchstgeschw.:	201 km/h, mit Sportomatic 196 km/h
0 – 100 km/h	9,9 sec., mit Sportomatic 11,0 sec.
Leergewicht:	940 kg
Reifen/Felgen:	165 HR 15 / 5,5 x 15 Zoll
Radstand:	2450 mm
Spur v/h:	1361/1382 mm
L x B x H:	3985 x 1650 x 1240 mm

Opel Ascona A

Beim Ascona machte Opel da weiter, wo es mit dem GT angefangen hatte: mit dem Anderssein. Allein der Name: Ascona, ein Ort am Lago Maggiore, das klingt schön, es klingt nach weiter Welt, nicht nach Pflicht und Arbeit, nicht nach Kadett oder Rekord. Schließlich war auch derselbe Mann für den Ascona verantwortlich, der schon den GT entworfen hatte, ein Mann mit dem für einen Autobauer wunderbaren Namen Erhard Schnell. Er verpasste dem Ascona eine gezackte Schnauze; im Katalog wurde er als „die sportliche Variante des Fahrens“ gepriesen. Wegen seiner auffälligen Farbengestaltung – knallrot oder rot-orange – wurde ihm bald der Beiname „der rote Blitz“ verpasst, was jedoch bisweilen ironisch gemeint war: Der Ascona war zur Markteinführung 1970 mit 68 und 80 PS erhältlich. Im Vergleich der neuen, kräftigen Wägen der Konkurrenz und auch in der eigenen Firma war das erstaunlich wenig. Später wurde zwar auch ein 90-PS-Motor angeboten, doch es blieb dabei: Der Opel Ascona raste nicht, er rollte, dafür aber wie auf Schienen. Innen war er mit einem Dreigang-Automatikgetriebe ausgestattet, das mit einem nach hinten gebogenen, geradezu aerodynamischen Hebel im Wageninneren gesteuert werden konnte. Der Ascona wurde trotz allem – oder wohl gerade deswegen - zu einem Begriff für die Mittelklasse von Opel: Zwischen 1970 und 1988 verkaufte er sich rund 3,3 Millionen Mal. Die Süddeutsche Zeitung schrieb im Januar 2007: „In einem Opel wurde niemand zum Star. Aber das spielte keine Rolle, denn sehen und gesehen werden, das war nicht die Leitidee von Opel-Fahrern.“ Opel bezeichnete die Einführung des Ascona damals als „Paukenschlag“ – wenn man sich das frech gezackte, mit Chrom verzierte Fahrzeug ansieht, weiß man auch, warum.

Technische Daten	
Baureihe:	Opel Ascona
Modell:	A Limousine 1,2 S; 1,6 N+S; 1,95; zwei- und viertürig
Bauzeit:	1970 – 1975
Motor:	4 Zylinder Reihe, wassergekühlt
Ventile:	cih, Duplex-Rollenkette
ccm:	1984; 1897
B x H:	85 x 69,8; 93 x 69,8 mm
Leistung:	60 PS; 68 PS/5200; 90 PS/5100
Antrieb:	Hinterräder
Gemischaufb.:	Solex-Fallstromvergaser
Getriebe:	4V, 1R, Mittelschaltung
Bremsen:	Scheiben v, Trommel h
Höchstgeschw.:	145; 160 km/h
Leergewicht:	910 – 965 kg
Reifen/Felgen:	165 S 13
Radstand:	2430 mm
Spur v/h:	1331/1320 mm
L x B x H:	4124 x 1626 x 1385 mm

Opel Manta

Der September 1970, man darf das ohne Übertreibung feststellen, war ein historischer Monat für die deutsche Autoindustrie. Die Adam Opel AG stellte ihre Reaktion auf den erfolgreichen Ford Capri vor: Ein fünfsitziges, zweitüriges Coupé mit einem wassergekühlten Vierzylinder-Frontmotor und Heckantrieb – den Opel Manta A. 4,34 Meter Länge, 1,63 Meter Breite und 1,36 Meter Höhe, dazu 1,2-Liter- bis hoch zu 1,9-Liter Motoren, eine lange Motorhaube, eine niedrige Gürtellinie und ein sportliches Heck – der Manta war von Anfang an als Männerauto von Opel stilisiert worden. Die Rüsselsheimer Autofirma wollte vor allem junge Leute mit dem Manta erreichen, und das gelang auch: Bis 1988 der letzte Manta (der Manta A wurde 1975 durch den Manta B ersetzt) vom Band lief, wurden über eine Million Fahrzeuge verkauft. Doch der Manta ist mehr als eine Auto und begehrtes Objekt der Tuning-Industrie: Er ist ein Klischee, ein Symbol, er ist eine Ausdrucksform für einen bestimmten Typ Mann – den Typ mit dem Fuchsschwanz, den Cowboystiefeln, der Blondine auf dem Beifahrersitz und den Ellbogen auf dem nach unten gekurbelten Fenster. Um den Manta, der seinen Namen einem Fisch, dem Mantarochen oder auch „Teufelsrochen" zu verdanken hat, entwickelte sich ein Kult, den selbst Opel so nicht erwartet hatte. Und sicherlich auch nicht gewünscht: Wegen der Manta-Filme, der Manta-Lieder und insbesondere der unzähligen Manta-Witze über ungebildete und proletenhafte Manta-Fahrer verkauften viele Manta-Besitzer erschrocken ihre Autos. Der Verkaufswert des Mantas sank ins Bodenlose, und der Manta verschwand aus dem Straßenbild. Der Kult aber wird immer bleiben.

Technische Daten	
Baureihe:	Opel Manta
Modell:	A Coupé 1,6 Liter; 1,6 Liter S; GT/E 1,9 Liter S
Bauzeit:	1970 – 1975; 1974 – 1975
Motor:	4-Zyl.-Reihe, wassergekühlt; Cih, Duplex-Rollenkette
Ventile:	ohv; zentr. Nockenwelle
ccm:	1584; 1897
B x H:	85 x 69,8 mm; 93 x 69,8 mm
Leistung:	68 PS bei 5200/min; 80 PS bei 5200/min 90/105 PS bei 5100/min
Antrieb:	Hinterräder
Gemischaufb.:	Solex-Fallstromvergaser; Bosch; L-Jetronic
Getriebe:	1V, 1R, Mittelschaltung
Bremsen:	Scheiben v; Trommel h
Höchstgeschw.:	154; 164; 188 km/h
Leergewicht:	950; 980 kg
Reifen/Felgen:	165 SR 13; 185/70 HR 13
Radstand:	2430 mm
Spur v/h:	1331; 1320 mm
L x B x H:	4292 x 1626 x 1355 mm

BMW CS Coupé

Der BMW 3,0 CS wurde im April 1971 als Coupé der Oberklasse vorgestellt, doch das war eine Untertreibung: Der 3,0 CS war ausgestattet mit einem 2,8-Liter-Motor, er erreichte eine Spitzengeschwindigkeit von 213 km/h und beschleunigte von null auf hundert in 8,5 Sekunden – der 3,0 CS war in Wahrheit ein Sportwagen, der sich als Oberklasse-Coupé verkleidet hatte. Zudem war er komfortabel ausgestattet: Serienmäßig waren unter anderem Servolenkung und Leichtmetallfelgen, nach Wunsch war auch ein Automatikgetriebe lieferbar. In Zusammenarbeit mit der Firma Alpina entstanden ebenfalls 1971 die ersten Leichtbau-Coupés, mit denen BMW später im Tourenwagensport erfolgreich war. Gegenüber dem 3,0 CS waren diese Modelle zwar nicht leistungsstärker, durch verschiedene Maßnahmen jedoch mit einem Leergewicht von 1165 Kilogramm wesentlich leichter, was ihnen eine Beschleunigung von null auf hundert in 7,4 Sekunden ermöglichte. Im Herbst 1971 dann erschien der 3,0 CSi, der zwar baugleich mit dem 3,0 CS war, allerdings mit der damals neuartigen D-Jetronic Benzineinspritzung, der ersten elektronisch gesteuerten Mehrpunkt-Benzineinspritzanlage von Bosch konstruiert wurde. Der CSi, von dem bis zum Produktionsende im November 1975 8144 Fahrzeuge verkauft wurden, wurde von 200 PS zu einer Maximalgeschwindigkeit von 220 km/h angetrieben. Im August 1972 schließlich folgte noch eine dritte Variante des BMW 3,0: Der 3,0 CSL, der einen etwas größeren Hubraum hatte und schneller beschleunigte (von null auf hundert in 6,9 Sekunden). Insgesamt galten diese Modelle als großer Erfolg für BMW – nicht zuletzt wegen ihrer enormen Sportlichkeit.

Technische Daten	
Baureihe:	BMW CS Coupé
Modell:	3,0 CSi
Bauzeit:	1971 – 1975
Motor:	6 Zyl.-Reihe
Ventilsteuerung:	V-förmig hängend, ohc
ccm:	2985
B x H:	89 x 80 mm
Leistung:	200 PS (147 kW)/5500
Antrieb:	Hinterräder
Gemischaufb.:	Bosch Benzineinspritzung
Getriebe:	4V, 1R, Mittelschaltung
Bremsen:	Scheiben v/h
Höchstgeschw.:	220 km/h
Leergewicht:	1400 kg
Reifen/Felgen:	195/70 VR 14
Radstand:	2625 mm
Spur v/h:	1446/1402 mm
L x B x H:	4660 x 1670 x 1370 mm

Opel Rekord D

Der Opel Rekord hatte schon eine lange Geschichte hinter sich, als 1972 das Modell „Rekord D“ vorgestellt wurde. Er war bereits in den fünfziger und sechziger Jahren auf den deutschen Straßen unterwegs – wenngleich der Rekord D mit seinen Vorgängern wenig gemein hatte. Er hatte eine selbsttragende Karosserie aus Stahl, der Innenraum bot fünf Personen Platz, er hatte Teleskop-Stoßdämpfer, vier Vorwärtsgänge und einen Rückwärtsgang, zudem war auf Wunsch auch ein Dreigang-Automatikgetriebe erhältlich. Der Rekord D (anfangs auch als „Rekord II“ bezeichnet) wurde in fünf verschiedenen Variationen gebaut: Als zwei- und viertürige Limousine, als drei- und fünftüriger Caravan und als Coupé. Alle Benzin-Modelle wie auch die Diesel-Variante waren mit einem wassergekühlten Vierzylinder-Viertakt-Reihenmotor ausgestattet, der in seiner leistungsstärksten Ausprägung Geschwindigkeiten bis zu 170 km/h zuließ. Das Diesel-Modell hatte zudem noch das auffallende Merkmal einer ausgebeulten Motorhaube – der Buckel war notwenig, da der Dieselmotor durch eine oben liegende Nockenwelle eine größere Bauhöhe als die Benzinmotoren hatte. Interessant waren auch die unterschiedlichen Ausstattungsmöglichkeiten des Opel Rekord D: Neben der Basisversion, der Luxusversion „Rekord L“ und der sportlichen Version „Rekord Sprint“ waren auch Sondermodelle erhältlich, die die Namen „Millionär“, „Maharadscha“ und „Hit“ trugen. 1977 wurde die Produktion des Rekord D, von dem rund eine Million Fahrzeuge verkauft worden waren, eingestellt – die Geschichte des Opel Rekord an sich aber war noch lange nicht zu Ende.

Technische Daten	
Baureihe:	Opel Rekord
Modell:	D Limousine 1700; 1700 S, zwei- u. viertürig
Bauzeit:	1972 – 1977
Motor:	4 Zylinder Reihe, wassergekühlt
Ventile:	cih, Duplex-Rollenkette
ccm:	1698
B x H:	88 x 69,8 mm
Leistung:	66 PS (49 kW)/5300; 83 PS (61 kW)/5400
Antrieb:	Hinterräder
Gemischaufb.:	Solex-Fallstromvergaser
Getriebe:	4V, 1R, Mittelschaltung
Bremsen:	hydr., Scheiben v, Trommel h
Höchstgeschw.:	143 – 155 km/h
Leergewicht:	1065 – 1090 kg
Reifen/Felgen:	640 x 13 bzw. 6.40 S 13
Radstand:	2668 mm
Spur v/h:	1427/1412 mm
L x B x H:	4567 x 1718 x 1405 mm

Ford Granada

Autos wie der Ford Granada hatten lange ein leicht muffiges Image. Böswilligen Beobachtern galten sie gar als „Spießerautos". Dieses Bild hat sich in den vergangenen Jahren gewandelt. Ein Granada ist plötzlich bei Nostalgikern begehrt, als so genannter „Youngtimer". Echte Oldtimer sind mittlerweile so selten und so teuer, dass nur Reiche oder Museen sie sich leisten können. Der Begriff „Youngtimer" steht für 20 bis 30 Jahre alte Autos, die erstens noch in nennenswerten Stückzahlen auf dem Markt und zweitens deshalb auch bezahlbar sind. Zu dieser Gruppe gehört der Ford Granada – auch wenn die ersten Modelle mittlerweile älter als 30 Jahre sind. Den Granada stellte Ford 1972 auf dem Genfer Autosalon vor. Nach vier Jahren Entwicklungszeit und Investitionen von 500 Millionen DM wollte Ford damit neue Marktanteile in der automobilen Oberklasse gewinnen. Es war das erste Auto, bei dem die Ford-Ingenieure aus England und Deutschland in der Entwicklung kooperiert hatten. Der Granada war nur mit Sechszylindermotoren zu kaufen. Zu Beginn gab es drei Varianten, 108 bzw. 125 oder 138 PS. Er war als viertürige Limousine, als zweitüriges „Fastback"-Modell und als fünftüriger Kombi unter dem Namen „Turnier" erhältlich. 1975 war ein Jahr der Modellpflege, in dem die Motorenpalette und das Ausstattungsangebot erweitert wurden. 1978 brachte Ford noch einmal eine äußerlich modernisierte Version in den Verkauf. Bis zur Einstellung 1985 verkaufte Ford insgesamt 1,6 Millionen Exemplare des Granada. „Youngtimer"-Fans, die sich für den Granada entscheiden, haben heute ein Problem: Ersatzteile sind rar, weil 1977 das zentrale Lager einmal komplett abgebrannt war.

Technische Daten	
Baureihe:	Ford
Modell:	Granada 2,3
Bauzeit:	1972 – 1974
Motor:	V 6
Ventile:	hängend; zentr. Nockenwelle
ccm:	2293
B x H:	90 x 60,14 mm
Leistung:	108 PS (79 kW) bei 5000/min
Drehmoment:	18,0 mkg bei 3000/min
Antrieb:	Stirnräder
Gemischaufb.:	1 Doppel-Fallstromvergaser Solex 35/36 EEIT
Getriebe:	4-Gang
Bremsen:	Scheiben v/ Trommel h
Höchstgeschw.:	159 km/h
Leergewicht:	1275 – 1380 kg
Reifen/Felgen:	175/185 SR 14 oder 195/70 HR 14
Radstand:	2769 mm
Spur v/h:	1511; 1537 mm
L x B x H:	4572 x 1791 x 1413 mm

VW Käfer 1303

1972 schließlich war es so weit. Der Käfer brach den Weltrekord des meistproduzierten Autos der Welt. Am 17. Februar lief ein 1302 S in Hellblaumetallic als 15 007 034. Käfer vom Band. Damit war die vorherige Bestmarke des Ford Modell T, Spitzname „Tin Lizzy", Geschichte. Das Jahr 1972 war auch in anderer Hinsicht bedeutsam für die Biografie des Käfer. Nach den Sommerferien begann die Produktion des 1303. Diese Weiterentwicklung des 1302, der 1970 nach 25 Jahren als erstes komplett überarbeitetes Modell mit größerem Kofferraum und neuem Fahrwerk auf den Markt gekommen war, hatte unter anderem eine gebogene Windschutzscheibe – ein Tribut an die strengeren Sicherheitsvorschriften in den USA. Außerdem gab es nun einen regelbaren Ventilator, um die Scheiben zu belüften. Nun war der Käfer auch als Cabrio und in legendärer gelb-schwarzen Rallyeoptik erhältlich. Die Version 1303 LS schließlich war der Höhepunkt der Käferentwicklung. Er war gut gefedert und bot dank McPherson-Federbein-Vorderachse und Schräglenkern hinten eine zufrieden stellende Fahrsicherheit. Der Käfer war nun, charmant wie eh und je, auch technisch auf der Höhe der Zeit – wenn nur nicht der Spritverbrauch gewesen wäre. Ein 50-PS-Motor, der sich bis zu 13 Liter auf 100 Kilometern genehmigte, war auch damals alles andere als ein Sparwunder. Trotz der enormen Beliebtheit des Käfer nahte das Zeit seiner Produktion in Deutschland. 1974 löste der Golf den Käfer in Wolfsburg ab, 1978 lief die letzte Limousine aus europäischer Produktion in Emden vom Band. Danach ging es in Mexiko weiter. 2003 schließlich war nach über 21,5 Millionen Exemplaren das Ende der Käfer-Produktion besiegelt.

Technische Daten	
Baureihe:	VW Käfer 44 PS; 50 PS
Modell:	1303 L/S Limousine
Bauzeit:	1972 – 1975
Motor:	4-Zylinder Boxer; luftgekühlt
Ventile:	ohv; zentrale Nockenwelle
ccm:	1285; 1584
B x H:	77 x 69 mm; 85,5 x 69 mm
Leistung:	44 PS bei 4100/min; 50 PS bei 4000/min
Antrieb:	Hinterräder
Gemischaufb.:	1 Solex-Vergaser
Getriebe:	4V
Bremsen:	Zweikreis; Trommel v/h (1,6: Scheiben v.)
Höchstgeschw.:	125; 130 km/h
Leergewicht:	890 kg
Reifen/Felgen:	5.60 x 15 oder 155 SR 15
Radstand:	2420 mm
L x B x H:	4110 x 1585 x 1500 mm

Mercedes 450 SEL

Im September 1972 stellte Mercedes nicht nur ein neues Auto vor, sondern auch einen neuen Begriff: Die „S-Klasse" wurde eingeführt. Intern trug die Baureihe den Namen „W116", bei ihr wurden nicht nur einige Neuerungen im Design vorgenommen, sondern auch in der Technik. Neuheiten waren beispielsweise der 96-Liter-Tank, der so angeordnet war, dass er vor Kollisionen geschützt war, oder auch das Vierspeichen-Sicherheitslenkrad. Ein paar Jahre später wurde das vollelektronisch gesteuerte ABS eingebaut – 1978 war der W116 das erste Auto weltweit, das mit dieser Ausstattung lieferbar war. Im Laufe der Jahre wurden sechs verschiedene Varianten der ersten S-Klasse produziert, darunter auch eine Diesel-Variante mit einem Fünfzylinder-Turbodiesel-Motor. Zu den leistungsstärksten Modellen der Baureihe zählten der 350 SE und der 450 SEL: Der 350 SE erlaubte bei 195 PS eine Höchstgeschwindigkeit von 205 km/h, der 450 SEL mit 225 PS gar 230 km/h. Letzterer wurde im September 1975 vorgestellt und war das Flaggschiff der S-Klasse, sein Motor imponierte mit einem Drehmoment von 370 Nm bei 3.250 Umdrehungen pro Minute – dem bis dahin höchsten Drehmoment der Pkw-Geschichte. Dementsprechend begeistert war die Fachpresse: Das US-Magazin „Road & Track" verlieh dem 450 SEL 6.9 aufgrund überragender Ergebnisse auf kontinentaleuropäischen Autobahnen den Ehrentitel „Colossus of the Road", die Zeitschrift „Auto Motor Sport" ging gar noch weiter und gab dem Wagen die Bezeichnung „Das beste Auto der Welt". Der letzte Wagen der S-Klasse rollte im September 1980 vom Band, bis dahin waren immerhin 473 035 Exemplare verkauft worden.

Technische Daten	
Baureihe:	V 116 E 45
Modell:	450 SEL
Bauzeit:	1973 – 1980
Motor:	V8-Zyl. Benziner M 117 E 45
Motorbaumuster:	117.983
Ventile:	je Zylinderreihe 1 ohc
ccm:	4520
B x H:	92 x 85 mm
Leistung:	225 PS bei 5000/min
Drehmoment:	38,5 mkg bei 3000/min
Gemischaufb.:	Bosch D-Jetronic
Getriebe:	3V, 1R, Automatic
Achskonstr. vorne:	Doppel-Querlenker; Drehstab-Stabi.
Achskonstr. hinten:	Koppelachse
Bremsen:	Scheiben v/h
Höchstgeschw.:	210 km/h
Leergewicht:	1765 kg
Reifen/Felgen:	61/2 J x 14 H2-B / 205/70 HR 14
Radstand:	2960 mm
Spur v/h:	1521/1505 mm
L x B x H:	5060 x 1870 x 1430 mm

VW Passat

1973 startete VW einen Großangriff auf die Mittelklasse und brachte den Passat auf den Markt. Die Reihe basierte technisch auf dem schon von der Konzerntochter Audi/NSU vorgeschickten Audi 80. VW setzte nun das Plattformkonzept quer durch die konzerneigenen Marken um. Damit ließen sich Entwicklungskosten und auch -zeit in erheblichem Umfang sparen – eine bis heute bewährte Politik. Der Passat folgte auf den VW 1600, war aber technisch auf neuestem Stand. Die Karosserie war selbsttragend, die Räder einzeln aufgehängt. Das Fahrwerk garantierte den Komfort und die Sicherheit, die von einem Familienauto wie dem Passat zu erwarten waren. Das Auto kam in drei Karosserievarianten auf den Markt, als zwei- und viertürige Limousine und ab 1975 auch als Kombi. In Bewegung gesetzt wurden Karosserie und Insassen von einem der drei im Audi bewährten Motoren: einem mit 1,3 Liter Hubraum und 55 PS und zwei mit 1,5 Liter Hubraum und 75, bzw. 85 PS. Der kleine Motor beschleunigte in 16,1 Sekunden von 0 auf 100 km/h und schaffte eine Höchstgeschwindigkeit von 150 km/h. Allein in Deutschland verkaufte VW im ersten vollen Produktionsjahr 1974 133 000 Exemplare des Passat. Die Preise waren knapp kalkuliert. Das einfachste Modell kostete 8500 DM und damit kaum mehr als der veraltete Vorgänger VW 1600. Eine Schwachstelle aber hatte der Passat. Weil die Blechfalze verklebt wurden, war die Karosserie rostanfällig – ein Mangel, der eine Nachbesserung nötig machte. Im heutigen Straßenbild taucht ein Passat vor allem als Kombi auf. Das war zu Beginn anders. Von der ersten Passatgeneration war nur ein Fünftel als Kombi bestellt. Die Vorlieben der Kunden stellten sich langsam um.

Technische Daten	
Baureihe:	VW Passat
Modell:	Limousine; zwei- und viertürig
Bauzeit:	1973 – 1977
Motor:	4-Zyl.Reihe; wassergekühlt
Ventile:	ohc
ccm:	1297
B x H:	75 x 73,4 mm
Leistung:	55 PS (40 kW) bei 5500/min
Antrieb:	Vorderräder
Gemischaufb.:	1 Solex-Vergaser
Getriebe:	4V
Bremsen:	Scheiben v/ Trommel h
Höchstgeschw.:	147 km/h
Leergewicht:	880 – 890 kg
Reifen/Felgen:	155-13 oder 155 SR 13
Radstand:	2470 mm
L x B x H:	4190 x 1600 x 1360 mm

Porsche 911 S 2,7

Es lag an den Gesetzen der USA, dass der Porsche 911 im Jahr 1973 erstmals grundlegend überarbeitet wurde. Eine damals neu erlassene Vorschrift forderte bei allen neu zugelassenen Fahrzeugen, einen Stoß bei der Geschwindigkeit von 8 km/h unbeschadet überstehen zu können. Porsche wollte den wichtigen US-Markt auf keinen Fall verlieren, weshalb der 911er verbessert wurde: Er erhielt in die Stoßfänger integrierte Pralldämpfer. Bereits ein Jahr zuvor war eine ganz besondere Sportversion des 911 vorgestellt worden: der Porsche Carrera RS. Die Bezeichnung „Carrera" ging auf die Carrera Panamericana zurück, das Autorennen auf öffentlichen Straßen im Mexiko der 50er Jahre. Porsche hatte bei diesem Rennen einige Erfolge gefeiert, weshalb man beschloss, die stärksten Modelle danach zu benennen. Nach der Verbesserungsprozedur 1973 erhielten die Modelle Motoren mit zwar unveränderter Zylinderanzahl, dafür aber mit dem größeren Hubraum von 2,7 Litern. Der 911 war nun nur noch erhältlich in den Varianten 911 und 911 S, 1975 kam das neue Topmodell 911 Carrera hinzu (auch als Targa-Version). Der Carrera bekam den Motor des Carrera RS mit 210 PS und hatte das gleiche Gewicht wie der 911 RS Touring (1075 Kilogramm). Produziert wurde der Porsche 911 Carrera in relativ geringer Stückzahl: 1534 Exemplare des Coupés, 610 Exemplare des Targa. Der 911 Carrera 3.0 zählte dabei zu den stärksten Modellen: Sein Motor leistete 147 kW (200 PS). Typisches Erkennungsmerkmal des Carrera sind die hinteren Kotflügel, die gegenüber dem gewöhnlichen 911er weiter ausgestellt sind. Der Carrera war also nicht nur akustisch aufgrund seines kräftigen Motors zu erkennen – sondern auch optisch.

Technische Daten	
Baureihe:	Porsche 911 S 2.7
Modell:	Coupé, Targa
Bauzeit:	August 1973 – Juli 1975
Motor:	6 Zyl. Boxer
Ventile:	Zweiventiler, 2x1 obenliegende Nockenwellen, V-förmig hängend
ccm:	2687
B x H:	90 x 70,4 mm
Leistung:	175 PS (129 kW)/5800
Drehmoment:	235 Nm bei 4000
Gemischaufb.:	Bosch K-Jetronic
Getriebe:	5V, 1R
Bremsen:	Scheiben v/h, innenbelüftet
Höchstgeschw.:	225 km/h
0 – 100 km/h	7,6 sec.
Leergewicht:	1075 kg, ab Aug. 1975 1120 kg
Reifen/Felgen:	185/70 VR 15 / 6 x 15 Zoll
Radstand:	2271 mm
Spur v/h:	1360/1342 mm, ab Aug. 1975 1369/1354 mm
L x B x H:	4291 x 1610 x 1320 mm

VW Golf

Die Herzen der Autoliebhaber gehörten zwar in den siebziger Jahren immer noch dem Käfer. Doch Volkswagen konnte sich den ökonomischen und technischen Realitäten nicht verschließen. Der Konzern war in eine schwere Finanzkrise geraten. Ein neuer moderner Kleinwagen musste her. Im Mai 1974 war es so weit. VW stellte den Golf vor. Die nächste Erfolgsgeschichte begann. Der Golf wurde auf Anhieb zum Verkaufsschlager und hängte Konkurrenten wie den Opel Kadett und Ford Escort schnell und bis heute andauernd ab. Innerhalb der ersten 27 Monate setzte VW über eine Million Exemplare des Golf ab. Technisch war er auf der Höhe der Zeit, mit Wasserkühlung, einem Frontmotor und Vorderradantrieb. Zudem bestach er durch die günstige Preiskalkulation, hohen Nutzwert und zuverlässige Fahrleistungen. Keinen großen Wert legte VW auf das Design. Modische Experimente waren verpönt, um die Verkaufschancen des Wagens nicht zu gefährden. Das Fahrwerk übernahm VW vom kurz vorher eingeführten Sportcoupé Scirocco. Im so genannten Golf S baute man die Spitzenmotorisierung ein, einen bereits im Audi 80 erprobten 1,5-Liter-Motor mit 70 PS – ab 1975 gar ein Aggregat mit 1,6 Litern Hubraum und 75 PS. Die kleinere Version war mit einem 1,1-Liter-Motor ausgestattet, der 50 PS leistete und so auf 142 km/h kam. Ein besonderes Merkmal dieses Wagens war der für damalige Verhältnisse genügsame Spritverbrauch, er kam mit weniger als zehn Litern Normalbenzin 100 Kilometer weit. Im Bereich Sparsamkeit setzte der ab 1976 verkaufte Golf Diesel noch eins drauf. VW verkaufte den Golf auch in den USA, dort allerdings unter dem Namen „Rabbit“, also Hase.

Technische Daten	
Baureihe:	VW Golf
Modell:	Limousine; zwei- und viertürig
Bauzeit:	1974 – 1983
Motor:	4-Zyl.-Reihe; wassergekühlt
Ventile:	ohc
ccm:	1093
B x H:	69,5 x 72 mm
Leistung:	50 PS (37 kW) bei 6000/min
Antrieb:	Vorderräder
Gemischaufb.:	1 Solex-Vergaser
Getriebe:	4V
Bremsen:	Trommel v/h
Höchstgeschw.:	140 km/h
Leergewicht:	750 – 775 kg
Reifen/Felgen:	155 SR 13 oder 145-13
Radstand:	2400 mm
L x B x H:	3705 x 1610 x 1410 mm

VW Scirocco

Eigentlich sollte er den VW Golf entwerfen. Doch dann hatte der italienische Designer Giorgio Giugiaro eine Idee. Warum nicht auf der Plattform des Golf noch ein schnittiges Sportcoupé entwerfen? Der VW-Vorstand wollte das wirtschaftliche Risiko nicht eingehen. Doch die Osnabrücker Karosseriebaufirma Karmann ließ sich auf das Wagnis namens Scirocco ein. Dort hatte man zuvor ohnehin schon das Karmann-Ghia Coupé auf der Basis des VW 1500 gebaut. Man kannte sich also aus. Der 1,30 Meter flache und nur 3,85 Meter kurze Scirocco hatte einen Vorderradantrieb, und der Motor saß vorn. Er wurde zum Start in drei Varianten angeboten: einem 1,1-Liter-Motor mit 44 PS und zwei 1,5-Liter-Aggregaten mit 70 bzw. 85 PS. Der kleine Scirocco schaffte es in 16,4 Sekunden von 0 auf 100 km/h und dann noch weiter bis auf 144 km/h. 1976 kam noch ein 110-PS-Motor mit Einspritzung hinzu, das Modell firmierte als Scirocco GTI. Die Reihenvierzylinder-Motoren waren seinerzeit technisch auf modernstem Stand. Der Scirocco hatte trotz der kompakten Größe einen für ein Sportcoupé ungewohnt großen Nutzwert, dank der großen Heckklappe und einem wandelbaren Kofferraum. Er wurde im März 1974 auf dem Autosalon in Genf vorgestellt und ab April gebaut – drei Monate, bevor VW mit der Golfproduktion loslegte. Für Karmann lohnte sich das Risiko. Der Scirocco blieb bis heute das meistverkaufte Auto der Firma. Zusammen mit dem ab 1981 gebauten Scirocco II bauten die Osnabrücker in gut 18 Jahren über 797 000 Exemplare. Das Auto war so erfolgreich, dass Karmann mit seinen Produktionskapazitäten zeitweise den Bestellungen kaum noch hinterherkam.

Technische Daten	
Baureihe:	VW Scirocco
Modell:	Coupé 2+2-sitzer
Bauzeit:	1974 – 1977
Motor:	4-Zyl.-Reihe; wassergekühlt
Ventile:	ohc
ccm:	1093
B x H:	69,5 x 72 mm
Leistung:	44 PS (37 kW) bei 6000/min
Antrieb:	Vorderräder
Gemischaufb.:	1 Solex-Vergaser
Getriebe:	4V
Bremsen:	Scheiben v/ Trommel h
Höchstgeschw.:	144 km/h
Leergewicht:	800 kg
Reifen/Felgen:	155 SR 13
Radstand:	2400 mm
L x B x H:	3850 x 1625 x 1310 mm

BMW 316

Im Juli 1975 präsentierte der BMW-Vorstand im Münchner Olympiastadion den Beginn der erfolgreichsten Baureihe der Firmengeschichte: Den BMW 316, das erste Modell der ersten 3er-Reihe. Optische Kennzeichen des 316 waren ein schnörkelloses Design und eine neuartige Cockpit-Gestaltung: Die zum Fahrer hin abgewinkelte Mittelkonsole wurde eingeführt und von da an jahrelang zu einem typischen Merkmal des BMW-Interieurs. Dem 316 folgten bald der 318, der 318i, der 320 und der 320i sowie der 323. Das „i" stand für „injection", also Einspritzmotoren, während die anderen Modelle mit Vergasermotoren ausgerüstet waren. Alle Wägen der 3er-Reihe wurden mit Vierzylinder-Motoren konstruiert, der 316 erreichte damit 90 PS, der 318 98 PS, und der 320 fuhr in seiner Klasse mit 109 PS vorneweg. Sieben Jahre später, 1982, folgte die zweite Generation der 3er: Der Neue bot innen vier Zentimeter mehr Platz, wobei die Karosserielänge um drei Zentimeter kürzer wurde, und er hatte serienmäßig ein Fünfganggetriebe. Die Triebwerke waren kräftiger, die Karosserie war aerodynamischer, so dass der 316 von 1982 mit ebenfalls 90 PS eine Spitzengeschwindigkeit von 175 km/h erreichte. Außerdem war die zweite Generation der 3er in mehr Varianten erhältlich: Erstmals gab es einen Viertürer, ein Cabrio mit voll versenkbarem Verdeck, einen Kombi („touring"), ein Diesel-Modell und einen Wagen mit Allradantrieb (325ix). Die zweite Generation hatte zudem einen echten Star: Den M3, der zum erfolgreichsten Renn-Tourenwagen aller Zeiten wurde. Die erste Generation der 3er wurde rund 1,3 Millionen Mal produziert, die zweite Generation gar über 2,3 Millionen Mal.

Technische Daten	
Baureihe:	BMW 3er Reihe E 21
Modell:	316, 318
Bauzeit:	1975 – 1980
Motor:	4 Zyl.-Reihe
Ventilsteuerung:	V-förmig hängend, ohc
ccm:	1563; 1754
B x H:	84 x 71; 89 x 71 mm
Leistung:	90 PS (66 kW)/6000; 98 PS (72 kW)/5800
Antrieb:	Hinterräder
Gemischaufb.:	1 Fallstrom-Registerverg. Solex 32/32 DIDTA
Getriebe:	4V, 1R auf Wunsch Automatic (316 ab Sept. 1980)
Bremsen:	Scheiben v, Trommel h
Höchstgeschw.:	160; 170 km/h
Leergewicht:	1040 kg
Reifen/Felgen:	165 SR 13
Radstand:	2563 mm
Spur v/h:	1364/1377 mm
L x B x H:	4355 x 1610 x 1380 mm

Porsche 912 E

Die Idee, eine Art Billig-Porsche zu produzieren, war gut angekommen: Porsche verkaufte von seinem 912er, der zwar optisch gleichen, aber leistungsschwächeren Variante des 911ers, teilweise mehr Exemplare als vom 911er. Zwar konnte sich der Wagen gegen seine Sportwagenkonkurrenz letztlich nicht vollends durchsetzen, doch zumindest für eine gewisse Zeit lang war der Porsche 912 ein Erfolg. Sein Ende besiegelte ausgerechnet Porsche selbst: Als Porsche eine auf 110 PS gedrosselte Basisversion des Sechszylinder-Modells 911 T für „nur“ 19 000 Euro auf den Markt brachte, war der Siegeszug des 912 gestoppt. Er war ja lediglich 3000 Euro billiger, aber nur mit einem Vierzylinder-Motor ausgestattet und damit deutlich schwächer. 1969, nachdem 30 300 Exemplare des 912ers gebaut worden waren, stellte Porsche die Produktion ein. In den Jahren 1975 und 1976 aber wurde die Idee noch einmal aufgegriffen: Der 912 E erschien. Er wurde exklusiv für den US-Markt konstruiert und war eine Art Lückenbüßer: Der VW-Porsche 914 gehörte soeben der Vergangenheit an, der neue „Volksporsche“ 924 war noch nicht fertig. Während dieser Zeit von nicht ganz zwei Jahren verkaufte Porsche vom 912 E immerhin knapp 3000 Exemplare.

Technische Daten	
Baureihe:	Porsche 912 E
Modell:	Coupé
Bauzeit:	August 1975 – Juli 1976
Motor:	4 Zyl. Boxer
Ventile:	Zweiventiler, zentrale Nockenwelle, V-förmig hängende Ventile
ccm:	1971
B x H:	94 x 71 mm
Leistung:	90 PS (66 kW)/4900
Drehmoment:	137 Nm bei 4000
Gemischaufb.:	Bosch L-Jetronic
Getriebe:	5V, 1R
Bremsen:	Scheiben v/h
Höchstgeschw.:	177 km/h
0 – 100 km/h	13,5 sec.
Leergewicht:	1160 kg
Reifen/Felgen:	165 HR 15 / 5,5 x 15 Zoll
Radstand:	2271 mm
Spur v/h:	1362/1343 mm
L x B x H:	4291 x 1610 x 1340 mm

VW Polo

Der Golf war von VW zwar als Nachfolger des Käfer und somit als Flaggschiff der Kleinwagensparte konzipiert. Allerdings war er preislich nicht mehr im unteren Segment angesiedelt. Um keine wertvollen Marktanteile zu verlieren, musste VW also die Lücke schließen. Wieder einmal bot es sich an, Synergieeffekte zwischen den konzerneigenen Marken zu nutzen: Also nahm Volkswagen den Audi 50, knapste ein wenig an dieser und jener Stelle – und schon war der VW Polo geboren. Das im März 1975 vorgestellte Modell war ein Sparauto, allerdings eines auf dem neuesten Stand der Technik. Der Polo war trotz der Grundmotorisierung mit nur 900 Kubikzentimetern und 40 PS spritzig zu fahren und zudem sparsam. Dafür mussten die Kunden Abstriche am Komfort machen. Für die Scheibenwischer und die Heizung gab es nur eine Stufe, die Türen waren mit Pappe verkleidet. Chrom fehlte völlig, die Beifahrertür ließ sich nicht von außen abschließen. Mit einem Grundpreis von 7500 DM stand der Polo in der Tradition des Sparkäfers, der weiter angeboten wurde, als die neue Version des Käfer schon auf dem Markt war. Ab August 1976 waren dann auch die größeren 50- und 60-PS-Motoren aus dem Audi 50 für den Polo erhältlich, zudem kamen Stück für Stück neue Ausstattungsmerkmale ins Angebot. 1977 dann wagte Volkswagen, ganz im Trend der Zeit, ein Sondermodell namens „Jeans“. Wie nicht anders zu erwarten, bestanden die Bezüge im Innenraum aus Jeansstoff. Das Experiment war ein Erfolg und wurde deshalb 1978 gleich noch einmal aufgelegt. Im selben Jahr hatte der Polo seinen Vorgänger verdrängt. Der Audi 50 wurde eingestellt. Der Polo besetzte das Kleinwagensegment im Volkswagenkonzern nun exklusiv.

Technische Daten	
Baureihe:	VW Polo
Modell:	Limousine; 0,9 Liter; zweitürig
Bauzeit:	1975 – 1981
Motor:	4-Zyl.Reihe; wassergekühlt
Ventile:	ohc
ccm:	895
B x H:	69,5 x 59 mm
Leistung:	40 PS (29 kW) bei 5900/min
Antrieb:	Vorderräder
Gemischaufb.:	1 Solex-Vergaser
Getriebe:	4V
Bremsen:	Scheiben v/h
Höchstgeschw.:	132 km/h
Leergewicht:	685 kg
Reifen/Felgen:	5.50 x 12 oder 135 SR 13
Radstand:	2335 mm
L x B x H:	3500 x 1560 x 1360 mm

Porsche war von Anfang an keine Marke für Jedermann, sonder eben vor allem für jene, die es sich leisten konnten, viel Gel für ein Auto auszugeben. Dennoch war die Firma immer wieder bemüht, kostengünstige Fahrzeuge zu produzieren, wie den 912, oder auch den 914 („VW-Porsche"). Und auch der Porsche 924 entstand aus der Idee, einen günstigen Sportwagen zu bauen – ursprünglich allerdings im Auftrag von Volkswagen. Von Anfang an wurde darauf geachtet, möglichst viele Teile von VW und Audi verwenden zu können, um so Kosten zu sparen. Doch dann kam der Ölschock, VW befürchtete einen Nachfrageeinbruch für Sportwagen und entschied sich kurzfristig, den Sportwagen doch nicht ins Angebot aufzunehmen. Porsche kaufte daraufhin die Rechte an der Konstruktion zurück und produzierte den Wagen selbst. Da allerdings die Kapazitäten bei Porsche inzwischen mit dem Porsche 928 ausgelastet waren, wurde die Produktion ausgelagert: Der 924 lief von 1975 bis 1985 im Audiwerk Neckarsulm vom Band, und zwar – wie ursprünglich geplant – mit überwiegend Audi- und VW-Teilen. Anfangs wurden neben dem Motor auch die Schalter im Innenraum bis hin zu den Türgriffen von Audi und VW verwendet. Doch genau das war auch das Problem des Wagens: Weil er eben zu einem großen Teil nicht aus Porsche-Material gefertigt wurde, und weil er lediglich einen Vierzylinder-Motor erhielt, wurde der 924 von den Porschefahrern nie so richtig anerkannt. Er bekam die Spitznamen „Hausfrauenporsche" und „Friseusenporsche", was zu einer paradoxen Tatsache führte: Sein Image war schlecht – doch mit rund 122 000 verkauften Exemplaren zählte er zu den erfolgreicheren Porsche-Modellen.

Technische Daten	
Baureihe:	Porsche 924
Modell:	Kombi – Coupé
Bauzeit:	August 1975 – Juli 1985
Motor:	4 Zyl. Reihe
Ventile:	Zweiventiler, obenliegende Nockenwelle, hängende Ventile
ccm:	1984
B x H:	86,5 x 84,4 mm
Leistung:	125 PS (92 kW)/5800
Drehmoment:	162 Nm bei 3500
Gemischaufb.:	Bosch K-Jetronic
Getriebe:	4V, 1R, ab 1980 5V, 1R, a.W. Dreigangautomatik
Bremsen:	Scheiben v, Trommel h
Höchstgeschw.:	204 km/h
0 – 100 km/h	10,5 sec.
Leergewicht:	1080 kg, ab Aug. 1978 1130 kg
Reifen/Felgen:	165 HR 14 / 5,5 x 14 Zoll
Radstand:	2400 mm
Spur v/h:	1418/1372 mm
L x B x H:	4213 x 1685 x 1270 mm

Porsche 924

VW Golf GTi

Die Skepsis in den Entscheidergremien des Konzerns war groß: Ein Art Sportwagen von VW, noch dazu unter dem Namen Golf – das soll sich verkaufen? Doch schließlich ließen die Bosse sich überzeugen und gaben den Startschuss für ein Modell, das Geschichte schreiben sollte: den Golf GTI. 1976 kam die sportlich ausgelegte Variante des Golf auf den Markt. Sie kam schon vom äußeren Erscheinungsbild aggressiver als das brave Grundmodell daher, mit breiteren Reifen und Kotflügeln, mit Sportlenkrad und Sportsitzen – und mit einem Schaltknauf in Golfballoptik als Gag. Trotz dieser Spielereien behielt der GTI den Nutzwert des Golf als praktischer Wagen für die Kleinfamilie, wurde zugleich aber auch zum Liebhaberauto, dem zuliebe sich schnell diverse Fanclubs bildeten. Das Herzstück des GTI war der 1,6-Liter-Vierzylindermotor mit Einspritzer, der es auf eine Leistung von 110 PS brachte. Damit ließ sich der Golf, der nur 780 Kilogramm auf die Waage brachte, sehr sportlich fahren. Er kam in 9,8 Sekunden von 0 auf 100 km/h. Aber dann war noch lang nicht Schluss. Der GTI schaffte es bis zu einer Höchstgeschwindigkeit von 182 km/h. 1982 bekam der Sport-Golf noch eine Leistungssteigerung verpasst und fuhr ab nun mit einem 1,8-Liter-Motor und 112 PS. Die VW-Manager wurden für den Ruck, den sie sich gegeben hatten, belohnt. Bereits im ersten Jahr hatte der GTI einen Anteil von zehn Prozent unter den verkauften Golf-Modellen – trotz des stattlichen Preises von 13 800 DM. Durch seinen Erfolg wurde der GTI zum Urvater so genannter „Hot Hatches“. Der Begriff bezeichnet die Gattung der Kompaktwagen mit großer Leistung.

Technische Daten	
Baureihe:	VW Golf
Modell:	1,6 Liter Limousine; Zweitürig; GTi
Bauzeit:	1976 – 1980
Motor:	4-Zyl.-Reihe; wassergekühlt
Ventile:	ohc
ccm:	1588
B x H:	79,5 x 80 mm
Leistung:	110 PS (81 kW) bei 6100/min
Antrieb:	Vorderräder
Gemischaufb.:	Bosch K-Jetronic
Getriebe:	4V
Bremsen:	Scheiben v/Trommel h
Höchstgeschw.:	182 km/h
Leergewicht:	810 kg
Reifen/Felgen:	175/70 HR 13
Radstand:	2400 mm
L x B x H:	3705 x 1610 x 1410 mm

Ford Fiesta

Lange hatte Ford die Lücke in der eigenen Modellpalette mit sich herumgeschleppt. Als die Firmenbosse schließlich doch beschlossen, einen Kleinwagen entwickeln zu lassen, wollte man alles richtig machen. Die Entwicklung des schließlich Fiesta getauften Autos verschlang die damals unerreichte Summe von 112 Millionen DM – nach Angaben von Ford. Doch das Risiko lohnte sich. Heraus kam 1976 ein moderner Kleinwagen mit Frontantrieb und Heckklappe, der schnell den Markt eroberte. Bereits im Januar 1979 hatte Ford das 1 000 000. Exemplar gefertigt. Der Käufer hatte die Wahl zwischen drei Motorvarianten: 40, 45 oder 53 PS. Viele sinnvolle Details, die der Fiesta mitbrachte, wurden dem Laien gar nicht bewusst, etwa der ausgefeilte Kühlergrill, dessen Lamellen nach dem Tragflächenprinzip konstruiert waren. Dadurch bekam der Motorraum bei langsamer Geschwindigkeit reichlich kühle Luft ab. War man schneller unterwegs, wurde ein größerer Teil der Luft Richtung Motorhaube gelenkt. Dadurch hatte der Fiesta ausgezeichnete Luftwiderstandswerte. Zudem wog er nur 700 Kilogramm. Was das Design betrifft, setzte das Auto keine Maßstäbe. Es war ähnlich wie die Konkurrenten eine recht konventionelle Schräghecklimousine entstanden. Offenbar waren unter den strengen Kostenvorgaben keine größeren Sprünge zu machen. Maßstäbe in seiner Klasse setzte der Fiesta in Sachen Sicherheit, weil er auf dem US-amerikanischen Markt verkauft werden sollte und deshalb die dortigen strengeren Sicherheitsstandards erfüllen musste. Der Fiesta überzeugte durch ein souveränes Fahrverhalten und verschiedene passive Schutzmaßnahmen. Die Knautschzonen etwa waren computerberechnet, was seinerzeit nicht selbstverständlich war.

Technische Daten	
Baureihe:	Ford
Modell:	Fiesta 1,0
Bauzeit:	1976 – 1983
Motor:	4-Zyl.-Reihe; Ford 1,0 LC
Ventile:	hängend; seitl. Nockenwelle; Antrieb über Kette
ccm:	957 (Steuer 935)
B x H:	74 x 55,7
Leistung:	40 PS (29 kW) bei 5500/min
Antrieb:	Frontantrieb; Motor vorn quer eingebaut
Gemischaufb.:	1 Fallstromvergaser Ford
Getriebe:	4-Gang
Bremsen:	Diagonal-Zweikreis-Hydraulik; Scheibenbremsen vorn; Trommelbremsen hinten
Höchstgeschw.:	132 km/h
Leergewicht:	730 – 750 kg
Reifen/Felgen:	145 oder 155 SR 12; 4,00 oder 4,50 C 12
Radstand:	2290 mm
Spur v/h:	1394; 1321 mm
L x B x H:	3565 x 1567 x 1360 mm

Opel Monza A1 Coupé

Auch wenn es auf dem ersten Blick nicht so aussah: Der Opel Senator und der Opel Monza hatten vieles gemeinsam. Beide wurden auf der IAA 1977 erstmals der Öffentlichkeit präsentiert, beide enthielten einige Teile des Rekord E2, beide waren technisch nahezu identisch und erfuhren die gleichen Modellpflege-Maßnahmen. Genau genommen gibt es nur einen, dafür aber sehr deutlichen Unterschied zwischen Senator und Monza: die Karosserie. Der Monza war ausschließlich als Coupé erhältlich, und seine Form kam windschnittiger daher als die des Senator: Er hatte ein schräges Heck und eine große, verglaste Heckklappe, der Senator dagegen wurde als viertürige Limousine mit Stufenheck gebaut. Zudem war die B-Säule des Monza als Überrollbügel konzipiert – schließlich war der Monza ein Sportwagen. In den Ausstattungsvarianten hob sich der Monza erst mit der 1983 eingeführten Version „GSE" vom Senator ab: Er war nun mit einem 3,0-Liter-Sechszylinder-Einspritzmotor mit 180 PS erhältlich und verfügte über eine sportliche Innenausstattung mit Recaro-Sitzen. Der Monza hatte zwar einen durchschnittlichen Spritverbrauch von elf Litern, erreichte dafür aber eine erstaunliche Spitzengeschwindigkeit von 215 km/h und beschleunigte von null auf 100 in 8,5 Sekunden. Eine LCD-Anzeige im Innenraum ersetzte den Tacho, was geradezu sensationell modern anmutete. Durch seine Einzelradaufhängung wurde dem Monza damals außerdem ein gutes Fahrverhalten attestiert, zu der nicht zuletzt das dünne, große Lenkrad beitrug. Bis zu seinem Produktionsende 1986 wurden 46 000 Modelle des Monza verkauft, von denen heute noch rund zehn Prozent angemeldet sind.

Technische Daten	
Baureihe:	Opel Monza
Modell:	A1 Coupé 78 2,8 Liter; 3,0 Liter
Bauzeit:	1978 – 1982
Motor:	6 Zylinder Reihe, wassergekühlt
Ventile:	cih, Rollenkette
ccm:	2784; 2968
B x H:	92 x 69,8; 95 x 69,8 mm
Leistung:	140 PS (103 kW)5200; 150 PS (110 kW)/5200
Antrieb:	Hinterräder
Gemischaufb.:	DVG-Vergaser
Getriebe:	4V, 1R, Mittelschaltung
Bremsen:	Scheiben v/h
Höchstgeschw.:	195 – 198 km/h
Leergewicht:	1375 kg
Reifen/Felgen:	175 HR 14
Radstand:	2668 mm
Spur v/h:	1443/1472 mm
L x B x H:	4692 x 1734 x 1380 mm

VW Derby

Der Derby war nach dem Golf und dem Polo das dritte Auto für den kleinen Geldbeutel, das VW binnen weniger Jahre auf den Markt brachte. Der ab 1977 verkaufte Derby allerdings war im Prinzip nichts anderes als ein VW Polo mit Anbau hinten. Was die Technik, den Innenraum und die Karosserie betraf, war er fast identisch mit dem Polo. Der wesentliche Unterschied bestand in einem hinten angesetzten Kofferraum. Damit wurde aus dem Kompaktwagen eine 37 Zentimeter längere Stufenhecklimousine. Zudem hatte der Derby ab 1979 eckige statt runden Scheinwerfern. Der Derby wurde nur als Zweitürer angeboten. Die Grundausstattung war spartanisch. Drei Motorversionen standen zur Wahl: der 40-PS-Motor aus dem Polo, die 50-PS-Version aus dem Golf und dem Audi 50 und ein 1,3-Liter-Aggregat mit 60 PS. Diese stärkste Version des Derby schaffte es bis auf 156 km/h. Doch der Derby sprach vor allem sparsame Kunden an. Über die Hälfte der Käufer griff zur Grundmotorisierung. Es blieb letztlich ein Modell, dem ein eher mäßiger Erfolg beschieden war. 1977 wechselten zwar noch über 70 000 Derbys den Besitzer, mehr als beim Polo. Doch der Niedergang der Verkaufszahlen in Deutschland war nicht aufzuhalten. 1981 kam zwar eine optisch überarbeitete Version auf den Markt. Aber 1985 verkauften sich nur noch gut 5000 Exemplare. Die Zeit der Kleinwagen mit Stufenheck in Deutschland war vorbei. Der Name Derby verschwand. Das Stufenheckmodell wurde fortan unter dem Label Polo verkauft. Mittlerweile sind aber auch diese Versionen des Polo vom deutschen Markt verschwunden und nur noch im Ausland erhältlich.

Technische Daten	
Baureihe:	VW Derby
Modell:	Limousine; 0,9 Liter; zweitürig
Bauzeit:	1977 – 1981
Motor:	4-Zyl.Reihe; wassergekühlt
Ventile:	ohc
ccm:	895
B x H:	69,5 x 59 mm
Leistung:	40 PS (29 kW) bei 5900/min
Antrieb:	Vorderräder
Gemischaufb.:	1 Solex-Vergaser
Getriebe:	4V
Bremsen:	Scheiben v/Trommel h
Höchstgeschw.:	130 km/h
Leergewicht:	700 kg
Reifen/Felgen:	145 SR 13
Radstand:	2330 mm
L x B x H:	3865 x 1560 x 1350 mm

BMW 728

Mit der Einführung der 7er-Reihe fand BMW nicht nur einen würdigen Nachfolger der erfolgreichen 3,0-Reihe, sondern wurde auch endlich zum gleichwertigen Konkurrenten von Daimler-Benz: Bislang war die Oberklasse von den S-Modellen von Mercedes besetzt, nun gelang auch der bayerischen Autofirma der Aufstieg in diese Kategorie. 1977 wurde als erstes Modell der 728 präsentiert, bald darauf der 730 und der 733i. BMW blieb seinem Styling-Konzept treu: Die nach hinten leicht ansteigende Linienführung, die so genannte „BMW-Niere", die niedrige Gürtellinie und die großen Fenster – all das waren typische Merkmale von BMW, die sich auch bei den 7er-Modellen wiederfanden. BMW setzte bei seinen neuen Luxusmodellen schließlich auf Understatement, die fast fünf Meter lange Limousine war zwar, wie in diesem Fahrzeugsegment üblich, überdurchschnittlich gut verarbeitet und mit hohem Komfort ausgestattet, wirkte jedoch dabei nicht protzig, sondern elegant und kompakt. Und auch der Sportlichkeit, einem weiteren BMW-Leitmotiv, blieben die Konstrukteure treu: Die 7er-Modelle der ersten Generation fuhren mit einem Sechszylinder-Reihenmotor, der dem 728 170 PS zur Verfügung stellte, dem 730 184 PS und dem 733i 197 PS. Ab 1979 erhielten die 7er das Antiblockiersystem (ABS), ab 1984 war auch ein Katalysator erhältlich. Am Beliebtesten waren die Basismodelle 728 und 728i, von denen insgesamt 30 717 (728) bzw. 62 908 Stück (728i) verkauft wurden – ähnliche Zahlen erreichte nur der 735i, von dem 60 746 Exemplare produziert wurden. Die erste Generation der 7er lief bis 1986 vom Band, ehe sie durch die zweite Generation ersetzt wurde.

Technische Daten	
Baureihe:	BMW 7er Reihe E 23
Modell:	728; 730; 733 i
Bauzeit:	1977 – 1979
Motor:	6 Zyl.-Reihe
Ventilsteuerung:	V-förmig hängend, ohc
ccm:	2788; 2985; 3205
B x H:	86 x 80; 89 x 80; 89 x 86 mm
Leistung:	170 PS (125 kW)/5800; 184 PS (135 kW)/5800; 197 PS (145 kW)/5500
Antrieb:	Hinterräder
Gemischaufb.:	728 und 730: 1 Fallstrom-Registervergaser Pierburg 4 A 1; Bosch L-Jetronic
Getriebe:	4V, 1R, ab 1979 auf Wunsch 5V, 1R, auf Wunsch Automatic
Bremsen:	Scheiben v/h
Höchstgeschw.:	195; 200; 205 km/h
Leergewicht:	1550; 1600; 1660 kg
Reifen/Felgen:	195/70 HR; 205/70 HR 14; 205/70 VR 14
Radstand:	2795 mm
Spur v/h:	1508/1522; 1502/1516; 1502/1516 mm
L x B x H:	4860 x 1800 x 1430 mm

Mercedes 300 TD

Der Mercedes 300 TD wurde 1978 als Kombimodell der Baureihe „W123“ präsentiert – der erfolgreichsten Mercedes-Reihe überhaupt. Die Modelle dieser Baureihe wurden insgesamt mehr als 2,6 Millionen Mal verkauft, immerhin rund 37 000 davon als 300 TD. Seine Zuverlässigkeit ist legendär, und dass Mercedes den W123 erstmals in drei Karosserievarianten (Limousine, Coupé und Kombi) produzierte, war dem Erfolg natürlich zudem dienlich. Es kam sogar zu einem Novum in der deutschen Automobilgeschichte, das sich bis heute nicht wiederholt hat: Durch die hohe Nachfrage nach dem neuen W123 entwickelten sich Spekulationsgeschäfte mit Kaufverträgen und Neuwägen, bei denen bis zu 5000 DM über dem Listenpreis bezahlt wurden, um schneller an das Modell zu kommen. 1980 gelang dem W123 ein weiteres Kunststück: Als einziges Fahrzeug verdrängte er den VW Golf von der Nummer eins der Zulassungsstatistik. Charakteristisch für die ersten Modelle des W123 waren die Rundscheinwerfer, die so genannten „Ochsenaugen“. Technisch orientierte sich der W123 zunächst stark an seinem Vorgänger, dafür wurde Sicherheit groß geschrieben: Die Fahrgastzelle war deutlich steifer, die Knautschzonen großzügiger angelegt, und auch die Lenksäule wurde verbessert. Seine Zuverlässigkeit und seine gute Sicherheit waren wohl die zwei Hauptgründe, weshalb der W123 auch in einer für Autofirmen sehr wichtigen Berufsgruppe klarer Marktführer war: Taxifahrer liebten diesen Wagen. Das ging sogar so weit, dass zahlreiche Taxifahrer kurz nach der Einführung des Nachfolgemodells W124 rebellierten – und aus Protest vor die Mercedes-Benz-Konzernzentrale in Stuttgart fuhren.

Technische Daten	
Baureihe:	W 123
Modell:	300 TD Turbodiesel
Bauzeit:	1978 – 1985
Motor:	4 Zyl.-Reihe Diesel
Ventile:	ohc
ccm:	3005
B x H:	90,9 x 92,4 mm
Leistung:	125 PS (92 kW) bei 4350/min
Drehmoment:	245 Nm bei 2400/min
Gemischaufb.:	Reihen-Einspritzpumpe; Vorkammer-Einspritzung; Turboaufladung
Getriebe:	Automatik
Antrieb:	auf Hinterräder
Fahrwerk:	Doppelquerlenkerachse mit Schraubenfedern vorn; Diagonal-Pendelachse mit Schräglenkern und Schraubenfedern hinten
Bremsen:	Scheiben v/h; Servo; ABS; (optional)
Höchstgeschw.:	165 km/h
Leergewicht:	1650 kg
Reifen/Felgen:	6.0 J x 14 / 195/70 R 14
Radstand:	2795 mm
L x B x H:	4725 x 1786 x 1425 mm; (Dachreling: 1470 mm)

BMW M1

Allein die Bezeichnung des BMW M1 verspricht einiges: Das Fahrzeug wurde der Klasse der Supersportwagen zugeordnet – jener Sportwagen also, deren Fahrleistungen sich von denen normaler, gleichwohl hochkarätiger Sportwagen klar abheben. Supersportwagen gelten in der Regel als sichere Geldanlage, weil deren Auflage meist streng limitiert ist, und so war das auch beim M1: Der Wagen wurde zwischen 1978 und 1980 exakt 460 Mal produziert. Der M1 entstand aus einem Prototypen, den BMW unter der Bezeichnung „BMW Turbo“ 1972 vorstellte: Ein Fahrzeug, das mit Flügeltüren und Vierzylinder-Mittelmotor ausgestattet war und ursprünglich ausschließlich als Designstudie und Technologieträger diente. Es war mit diversen Sicherheitssystemen ausgestattet, wie etwa ABS, Radar-Abstands-Warner, Querbeschleunigungsmesser, Sicherheitsgurten, die den Stromkreis für das Zündschloss schlossen, und im Dach fortgesetzten Türpfosten als unsichtbare Überrollbügel. Dieser Prototyp gab schließlich die Richtung vor für die Entwicklung des M1, die 1976 nach Vorgaben vom BMW bei Lamborghini im italienischen Sant'Agata Bolognese begann; gebaut wurde der M1 dann von der Firma Baur in Stuttgart. Die Endversion des M1 war im Vergleich zum Prototypen etwas weniger futuristisch, unter anderem wurde auf die Flügeltüren verzichtet. Zunächst war der M1 ausschließlich als Rennwagen geplant, wurde dann jedoch auch als Straßenversion verkauft. Deren Motor beschleunigte von null auf hundert in 5,6 Sekunden und erreichte eine Höchstgeschwindigkeit von 162 km/h - der M1 war bis 1985 der schnellste Seriensportwagen eines deutschen Herstellers.

Technische Daten	
Baureihe:	BMW M 1
Modell:	M 1
Bauzeit:	1978 – 1981
Motor:	6 Zyl.-Reihe
Ventilsteuerung:	V-förmig hängend, Vierventiler, 2 ohc
ccm:	3453
B x H:	93,4 x 84
Leistung:	277 PS (204 kW)/6500
Antrieb:	Hinterräder
Gemischaufb.:	Benzineinspr., Kugelfischer
Getriebe:	5V, 1R
Bremsen:	Scheiben v/h
Höchstgeschw.:	262 km/h
Leergewicht:	1440 kg
Reifen/Felgen:	v 205/55 VR 16; H 225/50 VR 16
Radstand:	2560 mm
Spur v/h:	1550/1576 mm
L x B x H:	4360 x 1824 x 1140 mm

BMW 635 CSi

Dass BMW schnelle Autos bauen kann, wusste man 1978 bereits. Doch als dann der 635 CSi auf die deutschen Straßen kam, hatte BMW alle Erwartungen bezüglich Motorenleistung übertroffen: Ein 3,5-Liter-Motor, der auch in den für die Rennen von Le Mans angefertigten Autos eingesetzt wurde, 218 PS und 225 km/h Spitzengeschwindigkeit (die M-Version brachte es sogar auf 286 PS und 255 km/h) – der 635 CSi war ein Rennwagen für die Straße. Drei Jahre vor dem 635 CSi hatte BMW bereits den 630 CS und den 633 CSi vorgestellt, die mit 184 bzw. 200 PS ebenfalls zu den rasanten Vertretern ihrer Branche gehörten. Der 635 CSi von 1978 allerdings war das beliebteste Modell, er wurde bis zu seinem Ende 1989 insgesamt 45 215 Mal angefertigt. Das lag möglicherweise auch am neuen Innenraumdesign: Beim 635 CSi wurde erstmals das so genannte fahrerbezogene Cockpit verwendet. Wie nicht anders zu erwarten, war der 635 CSi nicht nur bei sportlichen Fahrern ein begehrtes Kaufobjekt, sondern auch ein erfolgreiches Auto im echten Rennzirkus: Zwischen 1981 und 1986 gewannen Fahrer mit diesem Wagen drei Mal den Titel des Tourenwagen-Europameisters. Das schnelle Coupé war jedoch nicht nur schnell, er sah auch gut aus: Lang, tief und breit war es und zugleich gläsern, glatt und elegant. Auch deshalb kam der 6er neben seiner Rennkarriere noch zu einer Filmkarriere: Ottfried Fischer fuhr ihn zeitweise als „Bulle von Tölz“, und auch im deutschen Kultfilm „Lammbock“ taucht der 6er immer wieder auf. Die Modellbezeichnung hatte der 6er übrigens bekommen, weil er auf dem Chassis des 5er basierte und mit den Triebwerken des 7er fuhr – nein: raste.

Technische Daten	
Baureihe:	BMW 6er Reihe E 24
Modell:	M 635 CSi
Bauzeit:	1978 – 1989
Motor:	6 Zyl.-Reihe
Ventilsteuerung:	V-förmig hängend, Vierventiler 2 ohc
ccm:	3453
B x H:	93,4 x 84
Leistung:	286 PS (210 kW)/6500
Antrieb:	Hinterräder
Gemischaufb.:	Bosch Motronic
Getriebe:	5V, 1R
Bremsen:	Scheiben v/h
Höchstgeschw.:	255 km/h
Leergewicht:	1510 kg
Reifen/Felgen:	220/55 VR 390 oder 240/45 VR 390
Radstand:	2626 mm
Spur v/h:	1430/1464 mm
L x B x H:	4755 x 1725 x 1354 mm

Porsche 924 Turbo

Der Porsche 924 hatte eine Besonderheit in seiner Karosserie: Die Heckscheibe, die gleichzeitig als Kofferraum diente, war stark gewölbt – und das brachte ihm den Spitznamen „Schneewittchensarg“ ein. Doch es war ein relativ rasanter Schneewittchensarg, der da unterwegs war, vor allem, als 1978 der Porsche 924 Turbo und zwei Jahre später der 924 Carrera GT folgte. Der 924 Turbo wurde von einem 170 PS starken Turbomotor angetrieben, beschleunigte von null auf hundert in 7,8 Sekunden und erreichte eine Höchstgeschwindigkeit von 225 km/h; ab 1981 wurde der Motor etwas verbessert, von da an schaffte er mit 177 PS eine Beschleunigung von null auf hundert in 7,7 Sekunden und eine Spitzengeschwindigkeit von 230 km/h. Der Carrera GT war sogar noch etwas schneller: Er leistete bei gleichem Hubraum (1984 Kubikzentimeter) 210 PS – die Mehrleistung wurde durch einen Ladeluftkühler, einen erhöhten Ladedruck und einen anderen Turbolader erreicht -, beschleunigte von null auf hundert in 6,9 Sekunden und fuhr bis zu 240 km/h. Dazu kam eine kleine optische Veränderung beim Carrera GT: Die vorderen Kotflügel waren wie beim Porsche 944 verbreitert, die hinteren Kotflügel hatten eine eigenständige, aufgesetzte Vergrößerung. Der 924 Turbo wurde insgesamt rund 12 000 Mal verkauft, der Carrera GT dagegen nur 409 Mal. Letzterer zählt deshalb heute zu den eher unbekannten Porsche-Modellen.

Technische Daten	
Baureihe:	Porsche 924 Turbo
Modell:	Kombi – Coupé
Bauzeit:	August 1978 – Oktober 1983
Motor:	4 Zyl. Reihe
Ventile:	Zweiventiler, obenliegende Nockenwelle, hängende Ventile
ccm:	1984
B x H:	86,5 x 84,4 mm
Leistung:	170 PS (125 kW)/5500; ab Aug. 1980 177 PS (130 kW)
Drehmoment:	240 Nm bei 3400
Gemischaufb.:	Bosch K-Jetronic, KKK – Abgasturbolader
Getriebe:	5V, 1R,
Bremsen:	Scheiben v/h
Höchstgeschw.:	225 km/h; ab Aug. 1980 230 km/h
0 – 100 km/h	8,0 sec.; ab Aug. 1980 7,5 sec.
Leergewicht:	1180 kg, USA-Version 1280 kg
Reifen/Felgen:	185/70 VR 15 / 6 x 15 Zoll
Radstand:	2400 mm
Spur v/h:	1418/1392 mm
L x B x H:	4213 x 1685 x 1270 mm

Opel Senator A

Das Jahr 1983 hat in der Firmenhistorie von Opel einen besonderen Platz: Das zwanzigmillionste Fahrzeug verließ die Produktionsanlagen in Rüsselsheim. Es war Zufall, dass dieses Auto eine überarbeitete Version des 1978 vorgestellten Opel Senator war, doch es passte irgendwie: Der Senator war das damalige Oberklassemodell von Opel. Als „Automobil für Fahrer, die Komfort zu schätzen wissen" bezeichnete die Firma den Senator damals. Und so sah dieser Komfort aus: in der höchsten Motorisierung bis zu 180 PS, dazu Stahlfelgen oder Alufelgen, Holzimitate am Armaturenbrett und an den Türverkleidungen, Veloursitze in rot, grün, braun oder blau (je nach Ausstattung), ein schwarzer oder verchromter Kühlergrill und auf Wunsch ein „S"-Emblem auf den vorderen Kotflügeln. Das Spitzenmodell „CD" war zudem mit Automatikgetriebe, Zentralverriegelung, Klimaanlage und dunkelbraunen Ledersitzen lieferbar – und ausdrücklich ohne Anhängerkupplung, Opel wollte damit die Topvariante des Senators deutlich in der Oberklasse positionieren. Für Opel stellte der Senator schließlich einen Neuanfang in der Oberklasse dar, nachdem die KAD-Reihe in dieser Zielgruppe nicht gerade erfolgreich gewesen war. Zunächst glückte dieser Neuanfang: Beim Verkaufsstart im April 1978 erwies sich der Senator A als beliebtes Produkt, auch die Autopresse schien vom Senator überzeugt. Infolge der Energiekrise 1979 jedoch sanken die Verkaufszahlen drastisch – kleinere und verbrauchsfreundlichere Fahrzeuge waren nun wichtiger geworden. So wurde der Opel Senator zwar als Model A2 bis 1986 produziert, ein Aufstieg zum beliebtesten Opel-Modell blieb ihm jedoch verwehrt – trotz seines historischen Moments im Jahr 1983.

Technische Daten	
Baureihe:	Opel Senator
Modell:	A Limousine 78 2,8 Liter H; 3,0 Liter H, 3,0 S viertürig
Bauzeit:	1978 – 1982
Motor:	6 Zylinder Reihe, wassergekühlt
Ventile:	cih, Rollenkette
ccm:	2784; 2968
B x H:	92 x 69,8; 95 x 69,8 mm
Leistung:	140 PS (103 kW)5200; 150 PS (110 kW)/5200
Antrieb:	Hinterräder
Gemischaufb.:	DVG-Vergaser
Getriebe:	4V, 1R, Mittelschaltung
Bremsen:	Scheiben v/h
Höchstgeschw.:	190 – 195 km/h
Leergewicht:	1370 – 1425 kg
Reifen/Felgen:	175 HR 14
Radstand:	2683 mm
Spur v/h:	1443/1472 mm
L x B x H:	4811 x 1728 x 1415 mm

VW Jetta

Nach dem Anfangserfolg des Derby auf der Basis des Polo setzte Volkswagen die Politik fort, von den Schrägheckmodellen eine Stufenheckvariante abzuleiten. Als nächstes war der Golf dran. Der daraus entstandene große Bruder hieß Jetta und war ab 1979 zu kaufen. Er war für konservative Kunden gedacht, die sich mit den damals noch neuartigen Schräghecks nicht anfreunden mochten. Der Jetta grenzte sich vom Ausgangsmodell durch eckige Scheinwerfer, eine bessere Serienausstattung, den viel größeren Kofferraum und einen höheren Preis ab. Er war ab 12 395 DM zu haben und damit etwa 2000 DM teurer als ein Golf 1,1. Der Jetta war zwar 40 Zentimeter länger als der Golf. Dafür ließ sich im 412 Liter großen Kofferraum aber auch mehr als doppelt so viel verstauen wie hinten im Golf - so lange dessen Rücksitzlehnen nicht umgeklappt waren. Die drei verfügbaren Motoren waren die im VW-Konzern vielfach verwendeten 1,3-, 1,5- und 1,6-Liter-Aggregate, die zwischen 60 und 110 PS leisteten. Die 1981 hinzugekommene Sparvariante mit nur 50 PS verschwand schnell wieder vom Markt. Mit dem 110-PS-Motor kam der Jetta bis auf 178 km/h und verbrauchte dabei nur 9,8 Liter Benzin. Er wurde als Zwei- und als Viertürer angeboten. Zur Wahl stand auch ein Fünfganggetriebe, dessen höchster Gang aber nicht wie heute spritsparend ausgelegt war, sondern sportlich durchgestuft. Bis zum Modellwechsel 1983 brachte VW insgesamt etwa 700 000 Jetta unter die Leute – obwohl das Modell viele Kritiker hatte, denen zum Beispiel das ihrer Meinung nach „angeklatschte“ Heck missfiel. Zur positiven Imagebildung für VW trug das eher biedere Auto jedenfalls wenig bei.

Technische Daten	
Baureihe:	VW Jetta
Modell:	Limousine 1,3 Liter; zwei- und viertürig
Bauzeit:	1979 – 1984
Motor:	4-Zyl.-Reihe; wassergekühlt
Ventile:	ohc
ccm:	1272
B x H:	75 x 72 mm
Leistung:	60 PS (44 kW) bei 5600/min
Antrieb:	Vorderräder
Gemischaufb.:	1 Solex-Vergaser
Getriebe:	4V
Bremsen:	Scheiben v/Trommel h
Höchstgeschw.:	148 km/h
Leergewicht:	785 – 810 kg
Reifen/Felgen:	155/ SR 13 oder 175/70 SR 13
Radstand:	2400 mm
L x B x H:	4190 x 1610 x 1410 mm

Mercedes 240 GD

Die Familie des Mercedes 240 GD hatte zwei Namen: Zum einen „Mercedes G-Klasse" („G" für Geländewagen), zum anderen „Puch G". Der Grund dafür war die Kooperation der österreichischen Firma Steyr-Puch mit Mercedes bei der Produktion dieser Geländewagen-Serie – die beiden Partner hatten eine aufgeteilte Vertriebsverantwortung vereinbart: In Österreich, der Schweiz, Liechtenstein, Slowenien, Kroatien, Jugoslawien, Mazedonien, Bosnien/Herzegowina und Großbritannien sowie in Teilen Afrikas wurde der Geländewagen als „Puch G", in allen anderen Ländern als „Mercedes G" verkauft. In den USA war ein Prominenter der erste Fahrer eines Mercedes/Puch G: Arnold Schwarzenegger. Das passt, schließlich wird die G-Serie seit 1979 bis heute im österreichischen Graz produziert, der Heimat Schwarzeneggers. Das G-Modell ist ein echter Geländewagen, laut Lastenheft ist es ausgelegt für absolute Geländetauglichkeit auch unter erschwerten Bedingungen. Dementsprechend ist der Wagen konstruiert: Ein Kastenrahmen aus geschlossenen Längsprofilen und Quertraversen bildet die Basis, dazu verfügt der Mercedes G über starre Achsen, lange Federwege und eine große Bodenfreiheit sowie zuschaltbare Differentialsperren. Der 2,4-Liter-Diesel-Vierzylinder-Motor, der beim Einstiegsmodell 1979 verbaut wurde, erlaubte bei 72 PS immerhin 115 km/h Höchstgeschwindigkeit. Die Kunden sind deshalb nicht nur Offroad-Fans, Jäger und Reiter, sondern auch Uniformträger: Verschiedene Streitkräfte, Feuerwehren, der Katastrophenschutz und die UNO nutzen den Mercedes G – die dafür nötige Sonderanfertigung allerdings erhielt wieder einen neuen Namen: „Wolf".

Technische Daten	
Baureihe:	Mercedes-Benz
Modell:	240 GD
Bauzeit:	1979 – 1991
Motor:	4-Zyl.-Reihe; Viertakt-Diesel
Ventile:	hängend; 1 Einlass; 1 Auslass; obenliegende Nockenwelle
ccm:	2399
B x H:	90,9 x 92,4 mm
Leistung:	72 PS (53 kW) bei 4400/min
Drehmoment:	137 Nm bei 2400/min
Antrieb:	permanenter Antrieb auf Hinterräder
Gemischaufb.:	Vorkammer-Einspritzung; Bosch 4-Stempel-Einspritzpumpe
Getriebe:	4-Gang-Schaltgetriebe
Bremsen:	Scheiben v/ Trommel h
Höchstgeschw.:	115 km/h
Leergewicht:	2020 kg
Reifen/Felgen:	205 R 16 M+S; 51/2JK x 16 H 2
Radstand:	2850 mm
Spur v/h:	1425; 1425 mm
L x B x H:	4395 x 1700 x 1950 mm

Porsche 928 S

Die Porsche-Firmenzeitschrift „Christopherus“ schrieb 1977: „Der große neue Sportwagen von Porsche“. Gemeint war der Porsche 928, der auf dem Genfer Autosalon 1977 präsentiert wurde und den Porsche 911 ablösen sollte. Er war tatsächlich größer als 911, er war moderner und zudem deutlich leistungsstärker. Ein aufwändig und völlig neu konstruiertes Fahrwerk, eine Achtzylinder-V-Motor aus Alu, eine auf Leichtbau ausgelegte Karosserie mit Türen, Kotflügeln und Motorhaube aus Aluminium, dazu 240 PS Leistung – der 928 war seiner Zeit weit voraus. 1979 folgte der 928 S, der mit seinem überarbeiteten Motor 300 PS leistete und damit zu den stärksten Sportwägen der frühen 80er Jahre zählte. Zu diesem Zeitpunkt hatte der 928 bereits einige Auszeichnungen erhalten, die Bedeutendste 1978, als eine internationale Jury den 928 zum Auto des Jahres gewählt hatte. Doch trotz aller Wertschätzung der Experten konnte sich der Porsche 928 nie so richtig aus dem Schatten seines Vorgängers lösen. Der puristische Stil des 911 entwickelte einen eigenen Charme, den die Käufer teilweise selbst dann noch bevorzugten, als Porsche mit einem abgeschwächten Motorenprogramm versuchte, den 911 zugunsten des 928 ins Aus zu manövrieren. Dennoch blieb der 928 das Spitzenmodell von Porsche, weshalb er noch bis 1995 weitergebaut wurde. Das exklusivste davon bekam Firmengründer Ferry Porsche: Anlässlich seines 75. Geburtstages wurde ihm am 19. September 1984 ein extra für ihn gebauter 928 S überreicht, der um 25 Zentimeter verlängert worden war und sich somit ein einem Punkt ganz entscheidend von nahezu allen Porsche-Modellen abhob: Er war ein vollwertiger Viersitzer.

Technische Daten	
Baureihe:	Porsche 928 S
Modell:	Kombi – Coupé
Bauzeit:	August 1979 – Juli 1986
Motor:	V8
Ventile:	Zweiventiler, je eine obenliegende Nockenwelle, hängende Ventile
ccm:	4664
B x H:	97,0 x 78,9 mm
Leistung:	300 PS (221 kW)/5900; ab 1983 310 PS (228 kW)
Drehmoment:	385 Nm bei 4500; ab 1983 400 Nm bei 4500
Gemischaufb.:	Bosch K-Jetronic; ab1983 Bosch LH-Jetronic
Getriebe:	5V, 1R, a.W. 4-Gang Automatik
Bremsen:	Scheiben v/h, jeweils innenbelüftet, ab 1985 ABS Serie
Höchstgeschw.:	250 km/h, ab 1983 255 km/h
0 – 100 km/h	6,6 sec., ab 1983 6,2 sec.
Leergewicht:	1520 kg; mit Automatik 1540 kg
Reifen/Felgen:	225/50 VR 16 / 7 x 16 Zoll
Radstand:	2500 mm
Spur v/h:	1549/1521 mm
L x B x H:	4447 x 1836 x 1282 mm

Audi Quattro

Dass es den Audi quattro überhaupt gibt, ist in Wahrheit einem VW zu verdanken: Audi-Versuchsleiter Jörg Bensinger saß bei Testfahrten zur Erprobung von Audi-Limousinen in Skandinavien 1977 in einem als Begleitfahrzeug eingesetzten VW Iltis. Der allradangetriebene Geländewagen war unter den winterlichen Bedingungen das mit Abstand schnellste Fahrzeug der Flotte, und das beeindruckte Bensinger derart, dass er nach seiner Rückkehr dem damaligen Vorstand der Fahrzeugsentwicklung Ferdinand Piëch von seinem Erlebnis berichtete – und ihn überredete, mit einer kleinen Gruppe von Mitarbeitern einen Prototypen mit Fünfzylinder-Turbomotor und Allradantrieb auf Basis des Audi 80 bauen zu dürfen. Nach verschiedenen Versuchen und Vorführungen wurde der Audi quattro schließlich 1980 beim Genfer Autosalon vorgestellt. Von der Fachpresse wurde der quattro als Sensation gefeiert. Das auch „Urquattro" genannte erste Modell war mit 11 452 produzierten Exemplaren das erste in größeren Zahlen hergestellte Straßenfahrzeug mit permanentem Allradantrieb. Natürlich war es vor allem ein sportliches Fahrzeug, seine Karosserie hatte zwei Türen, ein Schrägheck, voluminöse Stoßfänger und einen Heckspoiler. Während seiner insgesamt elfjährigen Bauzeit erhielt der quattro verschiedene Motoren, die zwischen 162 PS (quattro 1984) und 530 PS (Sport quattro 1985) leisteten. Als letztes quattro-Modell kam 1989 der quattro 20 V auf den Markt, dessen 2,2-Liter-Motor mit 220 PS auf 230 km/h Maximalgeschwindigkeit beschleunigte. Der Name ergab sich aus seiner Ventilanzahl: vier Ventile pro Zylinder, also insgesamt 20. Die Produktion des Audi quattro wurde 1991 eingestellt.

Technische Daten	
Baureihe:	Audi Quattro
Modell:	Audi Quattro
Bauzeit:	1980 – 1984
Motor:	5-Zyl.-Reihe
Ventile:	hängend; ohc
ccm:	2144
B x H:	79,5 x 96,4 mm
Leistung:	200 PS (147 kW) bei 5500/min
Antrieb:	permanenter Allradantrieb
Gemischaufb.:	Bosch K-Jetronic; Abgas Turbolader KKK K 26
Getriebe:	5V, 1R
Bremsen:	Scheiben v/h
Höchstgeschw.:	222 km/h
Leergewicht:	1335 kg
Reifen/Felgen:	205/60 VR 15
Radstand:	2524 mm
Spur v/h:	1418/1451 mm
L x B x H:	4404 x 1723 x 1344 mm

VW Santana

1981 war die Zeit für ein neues Spitzenmodell der VW-Palette gekommen. Auf der Basis der zweiten Passat-Generation hatten die Ingenieure in Wolfsburg den Santana entwickelt, der die obere Mittelklasse besetzen sollte. Der Santana war nach dem Derby und dem Jetta das dritte Stufenheckmodell, das aus einer Karosserie mit Schrägheck abgeleitet wurde. Der Kofferraum fasste stattliche 442 Liter. Vom Passat unterschied er sich außerdem in äußerlichen Details wie den Blinkern, die neben den Scheinwerfern platziert waren statt in der Stoßstange, und schmückenden Chromelementen. Ein neues Detail im Innenraum war die Armlehne in der Mitte der Rückbank. Noch wichtiger aber war die höherwertige Verarbeitung, die den Santana vom Passat absetzen sollte. In der Version GL5 lief die Limousine mit einem 1,3-Liter-Fünfzylindermotor, der 115 PS entwickelte und es auf eine Höchstgeschwindigkeit von 184 km/h brachte. Von 0 auf 100 km/h beschleunigte der Wagen in 10,9 Sekunden. Obwohl er von einigen Kritikern wohlwollend bewertet wurde, erfüllte der Santana die Verkaufserwartungen nicht. 1985 wurde er namenstechnisch zurückgestuft und von da an als Passat verkauft. 1987 dann stellte VW die Produktion ganz ein. Der ausgebliebene Erfolg lässt sich auch dadurch erklären, dass der Santana in ein Segment einbrach, in dem die konzerninterne Konkurrenz von Audi schlicht das größere Renommee hatte – und zudem gleich zwei Modelle anbot, den Audi 80 und den Audi 100. Da Kunden in der oberen Mittelklasse im Vergleich zu unteren Segmenten verstärkt auf das Image ihres Autos achten, hatte der Santana, der für die gleiche Marke wie der Polo und der Golf auflief, schlechte Karten.

Technische Daten	
Baureihe:	VW Santana
Modell:	Limousine; 1,3 Liter; viertürig
Bauzeit:	1981 – 1985
Motor:	5-Zyl.Reihe; wassergekühlt
Ventile:	ohc
ccm:	1921
B x H:	79,5 x 77,4 mm
Leistung:	115 PS (85 kW) bei 5900/min
Antrieb:	Vorderräder
Gemischaufb.:	1 Register-Vergaser
Getriebe:	4V
Bremsen:	Scheiben v/Trommel h
Höchstgeschw.:	184 km/h
Leergewicht:	1050 kg
Reifen/Felgen:	185/70 HR 13
Radstand:	2550 mm
L x B x H:	4545 x 1695 x 1400 mm

Ford Sierra 1,6

In den achtziger Jahren war es ein wichtiger Teil des Konzepts von Ford, durch Erfolge im Motorsport die Marke bekannter zu machen. Besonders im Rallye- und im Tourenwagensport tat Ford sich hervor, und hier mit dem Modell Sierra. Den Höhepunkt markierte Klaus Ludwigs Sieg in der Deutschen Tourenwagen-Meisterschaft 1988 am Steuer eines Sierra RS 500. Ford hatte den Mittelklassewagen Sierra 1982 vorgestellt. Aufsehen erregte das damals futuristische anmutende Schrägheck, das Teil des ausgefeilten aerodynamischen Konzepts war (cw-Wert 0,34). Zunächst waren nur das Schrägheck und eine Kombiversion erhältlich. Erst im Rahmen einer Modellpflege 1987 kam auch eine klassische Stufenheckversion hinzu. Die Motorenpalette bewegte sich zwischen Aggregaten mit 1,3 bis 2,3 Liter Hubraum. Letzteres war ein Sechszylinder mit 114 PS, der den Sierra in 11,2 Sekunden von 0 auf 100 km/h brachte und eine Höchstgeschwindigkeit von 190 km/h schaffte. Das maximale Drehmoment lag bei 3000 U/min an und betrug 146 Nm. Der durchschnittliche Verbrauch lag bei 12,6 Liter Superbenzin pro 100 Kilometer. Schon zu Beginn gab es auch eine vom Serienmodell abgeleitete Sonderversion: das Sportcoupé XR4i, das mit einem Sechszylindermotor ausgestattet war, der aus 2,8 Litern Hubraum schöpfen konnte und daraus 150 PS generierte. Das reichte für eine Höchstgeschwindigkeit von immerhin 211 km/h und eine Beschleunigung von 0 auf 100 km/h in 8,4 Sekunden. Ford produzierte bis 1993, nimmt man alle Sierra-Modelle zusammen, insgesamt über 2,7 Millionen Exemplare des Sierra. Welcher Anteil wegen der sportlichen Erfolge bestellt wurde, wird sich allerdings nie genau eruieren lassen.

Technische Daten	
Baureihe:	Ford
Modell:	Sierra 1,6
Bauzeit:	1982 – 1984
Motor:	4-Zyl.-Reihe; Ford OHC Vergasermotor
Ventile:	hängend; obenliegende Nockenwelle; Antrieb über Zahnriemen
ccm:	1593 (Steuer 1576)
B x H:	87,67 x 66
Leistung:	75 PS (55 kW) bei 5300/min
Antrieb:	Hinterräder
Gemischaufb.:	1 Gleichdruckvergaser Ford VV
Getriebe:	4- oder 5-Gang
Bremsen:	Zweikreis; Hydraulik; Scheibenbremsen vorn; Trommelbremsen hinten
Höchstgeschw.:	165 km/h
Leergewicht:	1000 – 1070 kg
Reifen/Felgen:	165 SR 13 oder 185/70 SR 13; 4,50 oder 5,50J x 13
L x B x H:	4491 x 1712 x 1438 mm

Opel Corsa

Es gibt Auto-Modelle, deren Namen schnell aus dem Gedächtnis der Öffentlichkeit verschwinden, und solche, deren Namen zu Berühmtheiten werden. Der Opel Corsa zählt mit Sicherheit zur letzteren Kategorie. Er wurde 1982 vorgestellt und war der erste Kleinwagen von Opel. Gefertigt wurde der Corsa im neuen Werk im spanischen Zaragoza, lediglich die Motoren kamen aus Wien-Aspern. Über den Corsa 2007 schreibt Opel: „Der charmante neue Opel Corsa erhöht den Spaßfaktor im Leben." Der Spruch trifft jedoch – umgemünzt auf damalige Verhältnisse – auch auf den Corsa A von 1982 zu: Allein aufgrund seiner Größe war er ein beliebter Begleiter im Alltag vieler Deutscher. Zunächst nur als Zweitürer gebaut, war der Corsa ab 1985 auch als Viertürer erhältlich und 1987 zudem als Diesel-Version. Der Corsa führte außerdem einen neuen Opel-Trend fort: Seit dem Kadett D von 1979 waren die Opel-Autos mit einem Frontantrieb ausgestattet. Die Motorisierung reichte von 1,0-Liter mit 45 PS über 1,2—Liter mit 55 PS bis hin zu 1,3-Liter mit 70 PS – mit dem Corsa konnten zwar keine aufregenden Geschwindigkeiten erzielt werden, doch das war ja auch nicht sein Ziel. Er wurde als einfacher, verbrauchsfreundlicher Kleinwagen angepriesen, und obwohl er im Vergleich zur Konkurrenz relativ spät auf den Markt kam – Ford hatte den Fiesta bereits 1976, VW den Polo gar 1975 vorgestellt – wurde der Corsa schnell zum meistverkauften Wagen in seinem Segment. Und zu einem begehrten Tuning-Objekt: Plötzlich tauchte der Corsa auch als Cabrio auf und als Speedster. Charmant eben, und mit erhöhtem Spaßfaktor.

Technische Daten	
Baureihe:	Opel Corsa
Modell:	A Stufenheck-Limousine 1,0; 1,2; 1,3 S, zweitürig
Bauzeit:	1982 – 1992
Motor:	4 Zylinder Reihe, wassergekühlt
Ventile:	ohv, Rollenkette; ohc, Zahnriemen
ccm:	993; 1196; 1297
B x H:	72 x 61; 77,8 x 69,2; 75 x 73,4 mm
Leistung:	45 PS (33 kW)5400; 55 PS (40 kW)/5600 70 PS (51 kW)/5800
Antrieb:	Vorderräder
Gemischaufb.:	Solex-Fallstromvergaser
Getriebe:	4V, 1R, Mittelschaltung
Bremsen:	Scheiben v, Trommel h
Höchstgeschw.:	140; 152; 162 km/h
Leergewicht:	735 – 770 kg
Reifen/Felgen:	135 SR 13 oder 145 SR 13
Radstand:	2343 mm
Spur v/h:	1300/1320 mm
L x B x H:	3955 x 1540 x 1360 mm

Mercedes 190 D

Am 8. Dezember 1982 trat Mercedes erstmals in der Mittelklasse auf: Der Mercedes 190 wurde präsentiert. Neu in der Geschichte von Daimler-Benz war zudem, dass mit dem 190 ein Wagen an zwei Produktionsstätten hergestellt wurde: 58% der Fahrzeuge lieferte das eigens dafür umgebaute, ehemalige Borgward-Werk in Bremen-Sebaldsbrück, die anderen 42% der Fahrzeuge wurden im Stammwerk Sindelfingen konstruiert. Und auch sonst war einiges neu beim 190er – das Design mit dem relativ kurzen, hohen und sich verjüngenden Heckabschluss etwa brach radikal mit dem der bisherigen Modelle, zumal beim 190er als ersten Mercedes auf sämtlichen Chromschmuck verzichtet wurde. Oder die Bremse: Weil im Fußraum relativ wenig Platz blieb, wurde anstelle der sonst üblichen Fußfeststellbremse im 190er eine Stock-Handbremse auf der Mittelkonsole eingebaut, wie sie bei anderen Firmen üblich ist. Hervorzuheben ist auch der Einarmwischer, der später mit einer speziellen Hubtechnik ausgestattet wurde und somit eine größere Fläche erreichte. Als Varianten wurden zunächst der 190 und der 190 E angeboten; im Herbst 1983 kamen die Dieselvariante 190 D und die Sportversion 190 E 2.3-16 dazu. Exakt 53 Prozent der gebauten Fahrzeuge wurden in Deutschland verkauft, jedes zehnte Fahrzeug in den USA. Meistgefragte Typen waren der 190 E 2.0 (34 Prozent) und der 190 D (24 Prozent). Während seiner elfjährigen Produktionszeit wurde der 190er insgesamt rund 1,9 Millionen Mal verkauft – er war damit eines der erfolgreichsten Mercedes-Modelle überhaupt.

Technische Daten	
Baureihe:	W 201
Modell:	190 D
Bauzeit:	1983 – 1993
Motor:	4 Zyl-Reihe Diesel
Ventile:	ohc
ccm:	1997
B x H:	87,0 x 84 mm
Leistung:	75 PS (55 kW) bei 4600/min
Drehmoment:	124/126 Nm bei 2700/min
Gemischaufb.:	Reihen-Einspritzpumpe; Vorkammer-Einspritzung
Getriebe:	4V-Schalter, optional 5V oder Automatik
Antrieb:	auf Hinterräder
Fahrwerk:	Dämpferbein-Achse, Querlenker vorn; Verbundlenkerachse; Schraubenfedern; Gasdruckdämpfer hinten
Bremsen:	Scheiben v/h; Servo; optional ABS (Serie ab 4/1991)
Höchstgeschw.:	160 km/h
Leergewicht:	1180 kg
Reifen/Felgen:	5.0 J x 14 / 175/70 TR 14; ab 1/1985: 6.0 J x 15 / 185/65 TR 15
Radstand:	2665 mm
L x B x H:	4420 x 1678 x 1383 mm; Ab 1988: 4448 x 1690 x 1375 mm

Der Ford Orion sorgte nicht eben für großes Aufsehen in Deutschland. Letztlich war er auch nicht mehr als eine Stufenheckversion des Kompaktwagens Escort. Bis zur B-Säule war der Orion fast identisch mit der fünftürigen Version des Escort. Insgesamt war das Heck des Orion einige Zentimeter länger. Der augenfälligste Unterschied war ansonsten, dass ihm das dritte Seitenfenster fehlte. Ursprünglich war geplant, dem Orion einen eigenen Charakter zu verleihen und in einem etwas höheren Segment zu positionieren. Deshalb gab es auch nur die 1,3- und die 1,6-Litermotoren, und als Ergänzung eine Sportversion mit einem 105 PS starken Einspritzermotor. Die 1,6-Litermaschine leistete hingegen 79 PS und schaffte eine Höchstgeschwindigkeit von 167 km/h. Von 0 auf 100 km/h beschleunigte der Orion 1,6 in 11,6 Sekunden. Das maximale Drehmoment erreichte er bei 3000 U/min. Es betrug 125 Nm. Die Räder waren einzeln aufgehängt. Vorne waren McPherson-Federbeine und Stabilisatoren eingebaut. Hinten arbeiteten Querlenker, Längslenker, Schraubenfedern und Teleskopstoßdämpfer. Den Orion und den Escort als verschiedene Marken zu etablieren, misslang Ford. Deshalb wurde die zweite Generation der Stufenheckversion 1991 in der Heckgestaltung dem Escort völlig angeglichen. Er hatte sogar Scheibenwischer hinten, was bei einem Stufenheckauto völlig ungewöhnlich war. In Deutschland blieb der Orion eine sporadische Erscheinung auf den Straßen, erfolgreicher war er in Großbritannien. Viel Freude konnte am Orion haben, wer sich für die Dieselvariante entschieden hatte. Wagen mit dem genügsamen und zähen Motor schafften es öfters bis zu einer Laufleistung von 450 000 Kilometern.

Technische Daten	
Baureihe:	Ford
Modell:	Orion 1,3
Bauzeit:	1983 – 1985
Motor:	4-Zyl.-Reihe; Ford CVH Vergasermotor Ford CVH Vergasermotor
Ventile:	hängend; Hydrostößel; obenliegende Nockenwelle; Antrieb über Zahnriemen
ccm:	1296 (Steuer 1271)
B x H:	80 x 64,5
Leistung:	69 PS (51 kW) bei 6000/min
Antrieb:	Frontantrieb
Gemischaufb.:	1 Gleichdruckvergaser; Ford VV
Getriebe:	4- oder 5-Gang
Bremsen:	Diagonal-Zweikreis-Hydraulik; Servohilfe; Scheibenbremsen v; Trommelbremsen h
Höchstgeschw.:	156 km/h
Leergewicht:	915 kg
Reifen/Felgen:	155 SR 13 oder 175/70 SR 13; 5 oder 5,50J x 13
Radstand:	2402 mm
Spur v/h:	1400; 1423 mm
L x B x H:	4193 x 1640 x 1305 mm

Ford Orion 1,3

Ford Scorpio 2,0

1986 gewann Ford einen begehrten Preis. Der Scorpio wurde „Auto des Jahres", eine Auszeichnung mit der mehrere renommierte europäische Autozeitschriften ein besonders innovatives Auto prämieren. Ein Grund für die Auszeichnung war, dass Ford im Scorpio als erstem europäischen Serienmodell ein serienmäßiges Anti-Blockier-System einpflanzte. Bis dahin hatten die Hersteller es nur als kostspielige Sonderausstattung angeboten. Der Scorpio kam 1985 auf den Markt. Er war als Nachfolger des Granada in der oberen Mittelklasse konzipiert, allerdings zunächst nur als Fließheck erhältlich, das Uwe Bahnsen, der Ford-Chefdesigner, entworfen hatte. Die Käufer hatten die Wahl zwischen sechs Motorvarianten: die Benziner leisteten 90 bis 150 PS, der 2,5-Liter-Diesel von Peugeot 69 PS. 1986 kam eine Topversion mit Allradantrieb und einem 2,8-Liter-V6-Motor hinzu. Obwohl der Verkauf sich zunächst durchaus erfreulich entwickelte und trotz des Lobes der Fachpresse schaffte der Scorpio es nicht, die Erwartungen zu erfüllen. Ein Kardinalfehler der Manager war sicher gewesen, bis 1992 keinen Kombi anzubieten. Zudem hatte das Image von Ford mittlerweile Schaden genommen. Auch der Scorpio kam sehr bieder daher und weckte nur wenige Emotionen. In den zwei Modellreihen produzierte Ford insgesamt 850 000 Exemplare, und das zwischen 1985 und 1998. Der Vorgänger Granada war zusammen mit dem Nebenmodell Consul im gleichen Zeitraum auf fast die doppelte Zahl gekommen. Einen Nachfolger des Scorpio gab es nicht mehr. Nach dem Produktionsende zog Ford sich auf dem europäischen Markt aus der oberen Mittelklasse zurück – auch, um die konzerneigene Marken Volvo und Jaguar zu schützen.

Technische Daten	
Baureihe:	Ford
Modell:	Scorpio 2,0
Bauzeit:	1985 – 1989
Motor:	4-Zyl.-Reihe; Ford OHC Vergasermotor
Ventile:	hängend; obenliegende Nockenwelle (Zahnriemen)
ccm:	1993 (Steuer 1954)
B x H:	90,8 x 77
Leistung:	105 PS (77 kW) bei 5200/min
Antrieb:	Hinterräder; Gelenkwelle zweiteilig
Gemischaufb.:	1 Register-Fallstromvergaser; Weber 32/36 DGAV
Getriebe:	4-Gang
Bremsen:	Zweikreis-Hydraulik; Servohilfe; ABS (Teves); Scheibenbremsen vorn; Trommelbremsen hinten
Höchstgeschw.:	188 km/h
Leergewicht:	1210 – 1260 kg
Reifen/Felgen:	175/ TR oder HR 14 oder 185/70 HR oder VR 14; 5,50J x 14 oder 6J x 14
Radstand:	2761 mm
Spur v/h:	1477; 1476 mm
L x B x H:	4669 x 1760 (Ghia 1766) x 1440 mm

Audi 80

Die dritte Generation des Audi 80 war eine Streichholzschachtel – zumindest in der Fernsehwerbung. Eine Hand bewegte eine aufgeschobene Streichholzschachtel mit einem aus einer Büroklammer gebogenen Lenkrad über den Tisch, beim Aufprall auf ein Hindernis zog sich das Büroklammer-Lenkrad nach vorne weg. Audi warb damit für das Sicherheitssystem „Procon-ten", das von Audi in den 80er Jahren als Alternative zum Airbag entwickelt wurde und im Audi 80 zum Einsatz kam. „Procon-ten" („programmed contraction" und „tension") arbeitete mechanisch, die Sicherheitsgurte und die Lenksäule waren mit Stahlseilen über Umlenkrollen mit dem Motorblock verbunden; bei einem Frontalaufprall wird der Motor in Richtung Fahrgastzelle geschoben, und diese Verschiebung wird durch die Umlenkung der Seile genutzt, um die Lenksäule in entgegengesetzter Richtung vom Fahrer wegzuziehen und die Sicherheitsgurte zu spannen. In den heutigen Autos ist „Procon-ten" durch sensorgesteuerte Airbags und Gurtstraffer ersetzt worden – damals aber war das neue System für Audi ein gutes Werbeargument. Ein weiteres war die Zuverlässigkeit: Während das Durchschnittsalter bei deutschen Pkws bei acht Jahren liegt, schaffte der Audi 80 locker einige Jahre mehr, was vor allem an der Ausdauer der vollverzinkten Karosserie lag. Er wurde in mehreren verschiedenen Diesel- und Benzinvarianten angeboten, zunächst als viertürige Limousine, später auch als Coupé. 1992 wurde das intern als „B3" bezeichnete Modell durch den „B4" abgelöst – den Audi 80 der vierten Generation.

Technische Daten	
Baureihe:	Audi 80
Modell:	Audi 80
Bauzeit:	1986 – 1991
Motor:	4-Zyl.-Reihe
Ventile:	hängend; ohc
ccm:	1595; (1781 mit unger. KAT von 1986-89)
B x H:	81 x 77,4 mm (81 x 86,4)
Leistung:	75 PS (55 kW) bei 5200/min; (4500)
Antrieb:	Vorderräder
Gemischaufb.:	1 Fallstrom-Registervergaser Pierburg 1 B
Getriebe:	4V, 1R oder 5V, 1R (auf Wunsch Automatic in Verbindung mit 1,8 Liter-Motor)
Bremsen:	Scheiben v/ Trommel h
Höchstgeschw.:	170 km/h
Leergewicht:	1070 kg
Reifen/Felgen:	175/70 SR 14
Radstand:	2546 mm
Spur v/h:	1411/1432 mm
L x B x H:	4393 x 1695 x 1397 mm

Porsche 944 Turbo Coupé

Es ist das Jahr 1985, als das Familienunternehmen Porsche beschließt, die Zulassung an der Börse anzustreben – bislang bestanden die Hauptversammlungen aus neun Mitgliedern der Familien Porsche und Piëch. Als erster Schritt erfolgte eine Kapitalerhöhung von 50 auf 70 Mio. DM, die auf Stamm- und Vorzugsaktien aufgeteilt wurde. Vorzugsaktienbesitzer hatten zwar keinerlei Stimmrecht, bekamen dafür aber eine um zwei Prozent höhere Dividende; der Einführungspreis einer Vorzugsaktie im Nennwert 50 DM lag bei 78 DM. Allerdings behielten die Familien Porsche und Piëch weiterhin die Entscheidungsgewalt über die Zukunft der Firma. Ein Jahr später wurde die Modellpalette erweitert: Zum Porsche 944, der seit 1981 produziert wurde, kam der 944 Turbo hinzu. Zunächst erhielt er einen Vierzylinder-Turbomotor, der 220 PS leistete; ab 1989 wurde dieser Motor etwas verbessert, so dass er nun 250 PS erreichte. Der Motor des 944 war mit vielen Details ausgestattet, die zwar heutzutage Standard sind, damals jedoch ein Novum darstellten. Das führte dazu, dass der Porsche 944 einen für Sportwagen untypischen Fahrkomfort erreichte, der fast schon dem einer Limousine glich. Zudem wurde auch das Thema Sicherheit auf den Straßen stetig bedeutender: Seit 1976 bereits galt die Anschnallpflicht in Deutschland, nun wurden viele Fahrzeuge auch mit Airbags ausgestattet. Es war der Porsche 944 Turbo, der als erstes europäisches Auto serienmäßig mit Fahrer- und Beifahrer-Airbag für die USA ausgestattet wurde.

Technische Daten	
Baureihe:	Porsche 944 Turbo
Modell:	Kombi – Coupé
Bauzeit:	Februar 1986 – Dezember 1989
Motor:	4 Zyl. Reihe
Ventile:	Vierventiler, zwei obenliegende Nockenwellen, hängende Ventile
ccm:	2479
B x H:	100 x 78,9 mm
Leistung:	220 PS (162 kW)/6000
Drehmoment:	330 Nm bei 3500
Gemischaufb.:	Bosch Motronic; KKK – Abgasturbolader; Ladeluftkühler
Getriebe:	5V, 1R,
Bremsen:	Scheiben v/h jeweils innenbelüftet; ab 1986 a.W. ABS
Höchstgeschw.:	245 km/h
0 – 100 km/h	6,3 sec.
Leergewicht:	1280 kg
Reifen/Felgen:	VA: 205/55 VR 16 / 7 x 16 Zoll HA: 225/50 VR 16 / 8 x 15 Zoll
Radstand:	2400 mm
Spur v/h:	1477/1451 mm
L x B x H:	4230 x 1735 x 1275 mm

Opel Omega A 3000

Den Opel Omega A kann man auch mit einer Zahl beschreiben: 0,28. Das ist der so genannte cw-Wert, der Wert also, der den Strömungswiderstand beschreibt. 0,28 ist enorm niedrig, und in der Kombination mit dem relativ geringen Gewicht des Omega führte das zu sehr guten Fahrleistungen und einem niedrigen Sprit-Verbrauch – und zu einer Auszeichnung: Der Omega A wurde von der Fachpresse zum „Auto des Jahres 1987" gekürt. Überhaupt war der Omega eines der erfolgreicheren Opel-Modelle, zumal er auch mit einem neu konstruierten Fahrwerk ausgestattet worden war, das zu den besten seiner Klasse, der gehobenen Mittelklasse, zählte. Er war als viertürige Limousine und als fünftüriger Caravan erhältlich und verfügte anfangs, nach seiner Markteinführung 1986, über fünf verschiedene Motorisierungen, darunter zwei Diesel-Motoren. Bald kamen weitere hinzu, ebenso neue, zum Teil PS-gewaltige Modellvariationen: Ab September 1986 gab es auch den Omega 3000, eine sportliche Variante, die im Oktober 1990 einen 204-PS-Motor erhielt. Anfang 1991 folgte der Omega Evolution 500 – ein Rennfahrzeug mit 230 PS, das auch eine Straßenzulassung bekam. Und das war noch nicht einmal das Spitzenmodell, was Motorkraft betrifft: Von 1989 bis 1992 wurde der Lotus Omega gebaut – ein Auto mit geradezu unglaublichen 377 PS, das allerdings auch den stolzen Preis von damals 125 000 DM kostete. Der letzte Omega rollte schließlich im Mai 2003, neun Jahre nach der Einführung des Omega B, vom Band – und damit auch der letzte Opel in klassischer Bauweise mit Frontmotor und Heckantrieb. Eine Ära ging zu Ende, 17 Jahre nach der Vorstellung des Omega A.

Technische Daten	
Baureihe:	Opel Omega
Modell:	A 3000; 3000 24V; Limousine, viertürig
Bauzeit:	1987 – 93
Motor:	6 Zylinder Reihe, wassergekühlt
Ventile:	cih, Rollenkette; dohc Rollenkette
ccm:	2969
B x H:	95 x 69,8 mm
Leistung:	177 PS (130 kW)/5800; 204 PS (150 kW)/6800
Antrieb:	Hinterräder
Gemischaufb.:	Bosch Motronic
Getriebe:	5V, 1R, Mittelschaltung
Bremsen:	Scheiben v/h; ABS
Höchstgeschw.:	227; 240 km/h
Leergewicht:	1370; 1465 kg
Reifen/Felgen:	195/65 VR 15;205/65 ZR 15
Radstand:	2730 mm
Spur v/h:	1450/1472; 1466/1482 mm
L x B x H:	4742 x 1772 x 1425; 4768 x 1760 x 1530 mm

BMW 750 i

Die zweite Generation der 7er-Reihe stellte BMW 1985 vor, zunächst mit zwei Modellen: dem 730i und dem 735i. Zwei Jahre später folgten dann der 750i und der 750iL, der zugleich etwas Besonderes war: Er war das erste deutsche Nachkriegsfahrzeug mit einem Zwölfzylinder-Motor und einer Leistung von 299 PS. Allerdings war die Höchstgeschwindigkeit des 750iL elektronisch auf 250 km/h beschränkt, da die Reifenhersteller damals Schwierigkeiten hatten, für Limousinen der Zwei-Tonnen-Klasse mit hohen Geschwindigkeiten passende und widerständige Reifen zu vernünftigen Preisen herzustellen. Zudem vereinbarten BMW, Audi und Mercedes-Benz im Jahr 1987 eine freiwillige Selbstbeschränkung von maximal 250 km/h. Die 7er boten neben ihren leistungsstarken Motoren vor allem viel Fahrkomfort: Durch ein außergewöhnliches Fahrwerk, das vorne mit Querlenkern, Druckstreben und McPherson-Federbeinen, hinten mit Schräglenkern, Schraubenfedern und Niveauregulierung ausgestattet war, erreichte der neue 7er eine stabile und abgefederte Straßenlage. Als Sonderausstattung waren erstmals Xenon-Scheinwerfer erhältlich, die bei gleicher Leistungsaufnahme einen höheren Lichtstrom erzeugten. Als die zweite 7er-Generation 1994 durch die dritte abgelöst wurde, präsentierte BMW nicht nur optisch verbesserte Modelle, sondern auch Fahrzeuge mit noch mehr Komfort: Der neue 7er von 1994 war weltweit das erste Auto mit optionalem Navigationssystem inklusive Bordmonitornavigation, das auch das Fernsehen ermöglichte. Schon die erste Generation des 7er war schnell zu einem Prestigeobjekt aufgestiegen – und das ist bis heute so geblieben.

Technische Daten	
Baureihe:	BMW 7er Reihe E 32
Modell:	750 i
Bauzeit:	1987 – 1994
Motor:	V 12
Ventilsteuerung:	V-förmig hängend, ohc
ccm:	4988
B x H:	84 x 75
Leistung:	300 PS (220 kW)/5200
Antrieb:	Hinterräder
Gemischaufb.:	Bosch Motronic
Getriebe:	Automatic
Bremsen:	Scheiben v/h
Höchstgeschw.:	250 km/h (abgeregelt)
Leergewicht:	1870 kg
Reifen/Felgen:	225/60 ZR 15
Radstand:	2833 mm
Spur v/h:	1530/1558 mm
L x B x H:	4910 x 1845 x 1400 mm

VW Corrado

Seit dem Golf hatte Volkswagen die meisten seiner Autos nach Winden benannt (Scirocco, Passat). 1988 sollte dann eigentlich ein Sportwagen namens Taifun auf den Markt kommen. Gerade rechtzeitig aber merkten die Marketingstrategen, dass der Begriff Taifun negativ besetzt ist, als Unglück und Zerstörung bringender Sturm. Deshalb wurde das neue Auto kurzerhand umgetauft und ganz unverfänglich als Corrado vorgestellt. Der neue Name stammte vom spanischen Verb „correr" (rennen) ab und hatte somit auch Symbolkraft. Das Sportcoupé Corrado wurde beim Karosseriebauer Karmann gebaut wie auch schon der Vorgänger Scirocco, dessen Produktion zunächst weiterlief. Der Corrado aber stieß mit seiner Leistung in eine neue Dimension vor. Der aus dem Golf GTI übernommene 1,8-Liter-Vierzylindermotor wurde durch einen mechanischen Spirallader mit zusätzlicher Luft versorgt. Der Corrado brachte es somit auf 160 PS und eine Höchstgeschwindigkeit von 225 km/h. Von 0 auf 100 km/h schaffte er es in 8,3 Sekunden. 1991 kam gar ein Modell mit 2,9-Liter-Sechszylindermotor und 190 PS auf den Markt. Zusätzliche zur Serienausstattung gehörende technische Neuheiten wie Katalysator, Antiblockiersystem, Servolenkung und ein Spoiler, der bei 120 km/h automatisch ausfuhr, trieben schon den Grundpreis auf 42 000 DM. Auch das mag ein Grund gewesen sein, warum der Corrado sich in knapp acht Jahren nur etwa 100 000 Mal verkaufte und schließlich 1995 eingestellt wurde. Seinen Platz in der VW-Historie hat das Sportcoupé aber, weil es zwar auf der Plattform des Golf II basierte, aber auch schon Elemente vorwegnahm, die dann im Golf III realisiert wurden.

Technische Daten	
Baureihe:	VW Corrado
Modell:	Coupé; 1,8 Liter; zweitürig
Bauzeit:	1988 – 1995
Motor:	4-Zyl.Reihe; wassergekühlt; Kat.
Ventile:	ohc
ccm:	1781
B x H:	81 x 86,4 mm
Leistung:	160 PS (118 kW) bei 5600/min
Antrieb:	Vorderräder
Gemischaufb.:	elektron. Einspritzung Digifant; G-Lader mit Ladeluftkühlung
Getriebe:	5V oder Automatik
Bremsen:	Scheiben v/h; ABS
Höchstgeschw.:	225 km/h
Leergewicht:	1115 kg
Reifen/Felgen:	185/55 VR 15
Radstand:	2470 mm
L x B x H:	4050 x 1675 x 1320 mm

Opel Vectra

Im September 1988 begann bei Opel das Zeitalter des Frontantriebs: Der Opel Vectra A wurde vorgestellt. Zwar bewegte sich bereits der Anfang der achtziger Jahre produzierte Kadett D – als erster Opel – per Frontantrieb, doch war der Heckantrieb erst ab der Einführung des Vectra endgültig Vergangenheit in der Opel-Historie. Der Vectra A wurde von September 1988 bis September 1995 gebaut, er war in zwei Varianten erhältlich: mit Stufenheck und mit dem etwas kürzeren Schrägheck. In Deutschland wurden im Laufe der Jahre elf verschiedene Benzinmotoren und drei Dieselmotoren angeboten, von denen die leistungsstärksten 204 PS (Benzin) und 82 PS (Diesel) erreichten. Der Vectra A wurde 1995 vom Vectra B abgelöst und im Februar 2002 vom Vectra C. Letzterer ist – in stetig verbesserter Version – noch immer im Programm und wird von Opel als Fahrzeug mit „Fahrdynamik und Kultiviertheit" beworben, was jedoch nicht über den äußerst schlechten Absatz des aktuellen Vectra-Modelles hinwegtäuschen kann. Der Vectra A dagegen war ein Erfolgsmodell, er hatte den Ruf, ein unauffälliges, aber höchst zuverlässiges und alltagstaugliches Fortbewegungsmittel zu sein und verkaufte sich alleine 1991, seinem besten Jahr, 185 736 mal. Doch mit der Einführung des Vectra B 1995 begannen die Probleme: Die B-Version wies zahlreiche Mängel auf und wurde im ADAC Spezial „Gebrauchtwagen '98" als „Rückruf-Riese" bezeichnet. Dem Verkauf allerdings tat dies erstaunlicherweise keinen Abbruch: Bis 1998 liefen weltweit mehr als 1,2 Millionen Vectra B von den Produktionsbändern. Der Vectra B konnte damit nahtlos an den Erfolg seines Vorgängers anknüpfen.

Technische Daten	
Baureihe:	Opel Vectra
Modell:	A Stufenheck-Lim 1,8 Liter; 2,0 Liter 4x4, viertürig
Bauzeit:	1988 – 1995
Motor:	4 Zylinder Reihe, wassergekühlt
Ventile:	ohc, Zahnriemen
ccm:	1796; 1998
B x H:	84,8 x 79,5; 86 x 86 mm
Leistung:	88 PS (65 kW)5400; 115 PS (85 kW)/5200
Antrieb:	permanenter Allradantrieb
Gemischaufb.:	Bosch Motronic
Getriebe:	5V, 1R, Mittelschaltung
Bremsen:	Scheiben v/h; ABS
Höchstgeschw.:	173; 192 km/h
Leergewicht:	1195; 1210 kg
Reifen/Felgen:	195/60 R 14 85 H
Radstand:	2600 mm
Spur v/h:	1426/1444 mm
L x B x H:	4430 x 1700 x 1400 mm

BMW Z1

Manche Autos sind einfach nicht dazu gebaut, um ein Verkaufsschlager zu werden. Der BMW Z1 zum Beispiel: Er war ein Image- und Technologieträger, seine Stückzahl wurde auf exakt 8000 limitiert. Es gab den Z1 auch nur in einer Ausführung, der Käufer konnte lediglich zwischen sechs verschiedenen Farben wählen. Dennoch blieb der Z1 bis heute ein Unikat unter den BMW-Modellen: Seine spitze haifischartige Schnauze, seine nach unten absenkbaren Türen und seine ausklappbaren Scheinwerfer machten ihn für immer unverwechselbar. Hinzu kam eine Reihe an technischen Innovationen, wie der Frontmittelmotor, der durch seine mittige Platzierung ein optimales Verhältnis der Gewichtsverteilung zwischen vorder- und Hinterachse sorgte, die GFK-Karosserieteile, die mit Schraubverbindungen am Stahlchassis befestigt wurden und so den Aufwand bei Reparaturen verringerten, eine neu konzipierte Hinterachskonstruktion oder auch die optimierte Aerodynamik am Unterboden, weshalb der Z1 ohne Spoiler auskam. Um die Kosten nicht ausufern zu lassen, wurde unter anderem beim Antrieb auf Großserienteile zurückgegriffen – was nicht heißen soll, dass der Z1 untermotorisiert war. Der Z1 war das erste Serienauto mit einer möglichen Querbeschleunigung von mehr als 1g, der Sechszylinder-Reihenmotor mit 2494 Kubikzentimeter Hubraum ermöglichte eine Beschleunigung von null auf hundert in 7,9 Sekunden und eine Höchstgeschwindigkeit von 225 km/h. Als Väter des Z1 gelten der Ingenieur Ulrich Bez und der Designer Harm Lagaay. Bez wechselte am 1. Oktober 1988, kurz nach der Fertigstellung des Z1, zu Porsche. Was er BMW hinterlassen hatte, war indes einzigartig.

Technische Daten	
Baureihe:	BMW Z 1
Modell:	Z 1
Bauzeit:	1988 – 1991
Motor:	6 Zyl.-Reihe
Ventilsteuerung:	V-förmig hängend, ohc
ccm:	2494
B x H:	84 x 74
Leistung:	170 PS (125 kW)/5800
Antrieb:	Hinterräder
Gemischaufb.:	Bosch Motronic
Getriebe:	5V, 1R
Bremsen:	Scheiben v/h
Höchstgeschw.:	220 km/h
Leergewicht:	1290 kg
Reifen/Felgen:	225/45 ZR 16
Radstand:	2450 mm
Spur v/h:	1456/1470 mm
L x B x H:	3925 x 1690 x 1248 mm

Der Porsche 911 Carrera 4 heißt eigentlich ganz anders: Er wurde entwickelt und gebaut als Porsche 964. Als er jedoch 1988 auf den Markt kam, war Porsche in einer schweren Krise – der 911 wurde immer noch produziert, doch er entsprach nicht mehr den aktuellen Kundenwünschen, die zunehmend nicht nur starke Motoren, sondern auch Komfort verlangten. Andererseits wollte Porsche den 911 nicht aufgeben, so dass man sich dazu entschied, mit einer Tradition zu brechen: Jahrelang waren die Porsche-Modelle unter ihrer internen Bezeichnung vermarktet worden, und das wurde nun beim 964 geändert: Er hieß offiziell Porsche 911. Dennoch waren beim 964 über 80 Prozent der Teile neu. Das Karosseriedesign wurde nur minimal verändert, dafür aber umso effektiver: Der 911 erzielte einen bis dahin unerreicht geringen Luftwiderstand bei einem cw-Wert von 0,32. Ab 80 km/h konnte der Heckspoiler automatisch ausgefahren werden, so dass der Carrera 4 eine Endgeschwindigkeit von 260 km/h erreichte. Der neue 911 wurde in zwei Varianten angeboten: Dem Carrera 2 mit Heckantrieb, und dem Carrera 4 mit Allradantrieb - damit war erstmals ein Porsche-Großserienwagen mit permanentem Allradantrieb erhältlich. Die Entwickler waren sich sicher: Der neue 911 war genau das, was sich die 911er-Kunden von einem modernen Sportwagen erwarten. Dazu wurde eine einprägsame Werbung gestaltet, in der unter anderem folgender Slogan vorkam: „Sie können länger frühstücken. Sie sind früher zum Abendessen zurück. Gibt es ein besseres Familienauto?" Dementsprechend war der Porsche 964 bzw. 911 sehr erfolgreich, er ist auch heute noch auf dem Gebrauchtwagenmarkt beliebt.

Technische Daten	
Baureihe:	Porsche 911 Carrera 4
Modell:	Coupé, Targa, Cabriolet
Bauzeit:	August 1988 – Juli 1989; Targa, Cabriolet August 1989 – Juli 1993
Motor:	6 Zyl. Boxer
Ventile:	Zweiventiler, 2x1 obenliegende Nockenwellen, V-förmig hängend
ccm:	3600
B x H:	100 x 76,4 mm
Leistung:	250 PS (184 kW)/6100
Drehmoment:	310 Nm bei 4800
Gemischaufb.:	Digitale Motor Elektronik Bosch, sequentielle Einspritzung
Getriebe:	5V, 1R, Allradantrieb
Bremsen:	Scheiben v/h, innenbelüftet, ABS
Höchstgeschw.:	260 km/h
0 – 100 km/h	5,7 sec.
Leergewicht:	1450 kg
Reifen/Felgen:	VA: 205/55 ZR 16 / 6 x 16 Zoll HA: 225/50 ZR 16 / 8 x 16 Zoll
L x B x H:	4250 x 1652 x 1310 mm

Porsche 911 Carrera 4

Opel Calibra

Der Opel Calibra hatte ein schweres Los: Er der offizielle Nachfolger des im Herbst 1988 eingestellten Kultwagens Manta. Auf der Internationalen Automobilausstellung 1989 wurde der Calibra erstmals der Öffentlichkeit präsentiert, ab März 1990 stand er bei den Händlern. Mit dem Manta hatte der Calibra wenig gemein: War der Manta noch heckbetrieben und hatte längs eingebaute Motoren, so verfügte der Calibra über den nun bei Opel standardmäßigen Frontantrieb sowie über quer eingesetzte Motoren. Der cw-Wert, der den Strömungswidertand bezeichnet, war mit 0,26 sogar noch um 0,2 Punkte besser als beim Opel Omega – der Calibra galt über viele Jahre hinweg als „Aerodynamik-Weltmeister", auch heute können nur wenige Fahrzeuge einen besseren Wert aufbieten. Stilistisch ähnelte die Heckklappe des Calibra der des Manta CC, ansonsten allerdings wies er einige Besonderheiten auf: Die Scheinwerfer beispielsweise waren lediglich sieben Zentimeter hoch, ermöglicht wurde dies durch Ellipsoid-Scheinwerfer, bei denen das Licht wie bei einem Dia-Projektor durch eine Linse austritt. Bei der Motorisierung muss besonders der 2-Liter-16-V-Motor hervorgehoben werden, der 150 PS leistete und zum damaligen Zeitpunkt als der Motor mit dem höchsten Wirkungsgrad galt. Er beschleunigte den Calibra von null auf 100 km/h in 8,5 Sekunden, ermöglichte eine Höchstgeschwindigkeit von 223 km/h und erreichte einen durchschnittlichen Verbrauch von 9,2 Liter auf 100 Kilometer. Als die Produktion des Calibra im Juni 1997 eingestellt wurde, waren 236 647 Fahrzeuge verkauft worden. Einen Nachfolger gibt es bis heute nicht.

Technische Daten	
Baureihe:	Opel Calibra
Modell:	A Calibra 2,0 Liter; 16V Coupé
Bauzeit:	1989 – 1997
Motor:	4 Zylinder Reihe, wassergekühlt
Ventile:	ohc, Zahnriemen; dohc Zahnriemen
ccm:	1998
B x H:	86 x 86 mm
Leistung:	115 PS (85 kW)/5200; 150 PS (110 kW)/6000
Antrieb:	Vorderräder
Gemischaufb.:	Einspritzung
Getriebe:	5V, 1R, Mittelschaltung
Bremsen:	Scheiben v/h; ABS
Höchstgeschw.:	205; 223 km/h
Leergewicht:	1190; 1215 kg
Reifen/Felgen:	195/60 R 14 85 V; 205/55 R 15 87 V
Radstand:	2600 mm
Spur v/h:	1426/1444 mm
L x B x H:	4492 x 1688 x 1320 mm

BMW 850 i

Der 850i war nicht nur das erste BMW-Modell der 8er-Reihe, sondern einige Jahre lang auch das einzige. Er wurde 1989 eingeführt, erst 1992 kam der 850CSi dazu, später (in dieser Reihenfolge) der 830i, der 850CSi, der 840Ci und der 850Ci. Der 8er blieb bis zu seiner Einstellung 1999 das teuerste BMW-Modell, seine Verkaufszahlen entsprachen jedoch nicht den Erwartungen. Insgesamt wurden lediglich rund 30 000 Exemplare abgesetzt, obwohl der 8er ein völlig neuartiges BMW-Modell war – oder vielleicht auch gerade deshalb. Statt der typischen Rundscheinwerfer hatte der 8er Klappscheinwerfer, seine vorderen Lichter sahen aus wie Schlitzaugen, seine Form war länglich und spitz, weshalb bisweilen vermutet wird, der 8er hätte sich möglicherweise zu weit von der Corporate Identity von BMW entfernt. Als weitere Gründe gelten die etwas zu starke Ausrichtung auf den amerikanischen Markt, wo zwar eben solche Coupés gefragt waren, allerdings mehr Motor-Leistung erwartet wurde, sowie die etwas zu extreme Mischung aus Sportlichkeit und Komfort – der 8er kam daher wie ein Sportwagen, war aber mit rund zwei Tonnen Gewicht etwas schwerfällig. Er wurde mit dem Zwölfzylinder-Motor des 750i verbaut, einem zwar leistungsfähigen Motor, der aber ursprünglich für eine Reiselimousine wie den 7er konstruiert wurde und daher nicht gerade durch Aggressivität auffiel. Zudem wurde ein 8er-Cabrio entworfen, doch der Protoyp kam nie in den Verkauf, da es ihm wegen der fehlenden C-Säule an Stabilität mangelte; bis Ende 2004 existierten lediglich drei fahrbereite 8er-Cabrios. Ein bisschen war es beim 8er wie beim FC Bayern im Fußball: Die einen liebten ihn, die anderen konnten ihn nicht ernst nehmen.

Technische Daten	
Baureihe:	BMW 8er Reihe E 31
Modell:	850 i; 850 Ci
Bauzeit:	1989 – 1994; 1994 –
Motor:	V 12
Ventilsteuerung:	V-förmig hängend, ohc
ccm:	4988
B x H:	84 x 75
Leistung:	300 PS (220 kW)/5200; 326 PS (240 kW)/5000
Antrieb:	Hinterräder
Gemischaufb.:	Bosch Motronic
Getriebe:	6V, 1R oder Automatic
Bremsen:	Scheiben v/h
Höchstgeschw.:	250 km/h (abgeregelt)
Leergewicht:	1840; 1955 kg
Reifen/Felgen:	235/50 ZR 16; 235/50 R 16 95 W
Radstand:	2684 mm
Spur v/h:	1554/1562 mm
L x B x H:	4780 x 1855 x 1340 mm

Audi Coupé S2

Das Coupé war bei Audi an sich nicht neu, als es 1980 vorgestellt wurde: Bereits 1969 hatte Audi ein Coupé angeboten. Damals fand die Bezeichnung „Coupé" nur beim Audi 80 Anwendung, diesmal aber war das Audi Coupé ein eigenständiges Modell. Und das 1988 vorgestellte Coupé der Baureihe „B3" – nach 1980 die zweite Serie, zu der auch das Coupé S2 gehörte – basierte zudem auch auf einer eigenständigen Entwicklung, anders als noch die erste Coupé-Serie. Optisch waren bei dieser Baureihe deutliche Parallelen zum Audi 90 zu erkennen, das Schrägheck hatte eine große, im Dach angeschlagene Heckklappe und umklappbare Rücksitzlehnen, die Ladekante lag oberhalb der Heckleuchten, und die Stoßfänger waren in Wagenfarbe lackiert. Später entstand auf Basis dieser Konstruktionsmerkmale das erste Audi Cabrio. 1992 änderte sich das Äußere des Audi Coupé dann ein wenig: Die Front wurde dem neuen Audi 80 der vierten Generation angepasst, dazu wurde das Motorenangebot modifiziert, die Fünfzylinder-Motoren wurden durch Sechszylinder ersetzt, die etwas mehr Leistung erbrachten. Mit einer Ausnahme: Das Coupé S2 fuhr auch weiterhin mit einem Fünfzylinder-Motor. Es war dennoch das leistungsstärkste Modell dieser Baureihe, in zwei verschiedenen Motorisierungen erhältlich, erreichte es bei 220 bzw. 230 PS eine Maximalgeschwindigkeit von 248 km/h. Das Coupé S2 wurde nur mit Allradantrieb angeboten – schließlich war schon das erste Coupé von 1980 die Grundlage für eines der legendärsten Audi-Modelle überhaupt: den Audi quattro.

Technische Daten	
Baureihe:	Audi Coupé
Modell:	S2
Bauzeit:	1990 – 1995
Motor:	5-Zyl.-Reihe
Ventile:	hängend; dohc; Vierventiler
ccm:	2226
B x H:	81 x 86,4 mm
Leistung:	220 PS (162 kW) bei 5900/min
Antrieb:	permanenter Allradantrieb
Gemischaufb.:	Bosch Einspritzung
Getriebe:	5V, 1R
Bremsen:	Scheiben v/h
Höchstgeschw.:	248 km/h
Leergewicht:	1420 kg
Reifen/Felgen:	205/55 R 16 Z
Radstand:	2549 mm
Spur v/h:	1445/1438 mm
L x B x H:	4401 x 1716 x 1375 mm

Trabant 601 1,1

Nach mehr als 20 Jahren der Stagnation kam Mitte der achtziger Jahre plötzlich Bewegung in die Trabantproduktion. Ein neues Modell zeichnete sich ab. Doch zunächst kaufte man dem Volkswagenkonzern eine Lizenz ab, um den 1,1-Liter-Viertakter aus dem Polo nachbauen zu dürfen. Das machte auch erhebliche Investitionen in die Fabriken nötig. Das Budget zur Modellerneuerung neigte sich damit dem Ende zu. Für die Modernisierung anderer Elemente blieb nicht mehr viel. So wurde der Trabant 601 1,1 letztlich äußerlich nur marginal geliftet, mit einer neuen Blech-Motorhaube, einem neuen Kühlergrill, Kunststoff-Stoßstangen, neuen Heckleuchten und einen Tankeinfüllstützen hinten rechts. Doch die Autoentwicklung hatte den Trabant schon längst abgehängt, und nun fiel auch der schützende eiserne Vorhang. Der 601 1,1 wurde im Herbst 1989 vorgestellt, und als er im Mai 1990 in Serie ging, war das Ende der DDR besiegelt. Kaum noch jemand wollte etwas von diesem automobilen Fossil wissen, dessen Verkleidung immer noch aus Kunststoff bestand – erst recht angesichts einer Preissteigerung um 6000 auf 18 900 (Ost-)Mark. Der Trabant wurde vor allem zum Objekt des Spotts. Er hieß nicht mehr nur „Trabi", sondern auch „Rennpappe" oder „Plastikbomber". Als letzter Ausweg erschien die Stilisierung zum Kultauto. Zwar formierten sich rasch Fanclubs, auch außerhalb der neuen Bundesländer. Aber Liebhaber und DDR-Nostalgiker konnten die Werke nicht am Leben erhalten. Als letzte schloss die Fabrik in Zwickau am 30. April 1991. Die Serienproduktion des letzten Trabant hatte also nicht einmal ein Jahr gedauert. Der 601 1,1 wurde nur knapp 40 000-mal produziert.

Technische Daten	
Baureihe:	AWZ Trabant
Modell:	601 1.1 Limousine
Bauzeit:	1990 – 1991
Motor:	4-Zyl-Reihe
Ventile:	hängend, obenliegende Nockenwelle
ccm:	1043
B x H:	75 x 59 mm
Leistung:	40 PS (kW 30) bei 5300/min
Antrieb:	Vorderräder
Gemischaufb.:	1 Fallstromvergaser; Solex 32 TLA
Getriebe:	4-Gang Schaltgetriebe
Bremsen:	Trommeln
Höchstgeschw.:	125 km/h
Leergewicht:	700 kg
Reifen/Felgen:	145 R 13; 155/70 SR 13
Radstand:	2020 mm
Spur v/h:	1284; 1255 mm
L x B x H:	3521 x 1528 x 1420 mm

Karosserievarianten des Opel Astra F

Zum Namen des Opel Astra F gibt es eine Geschichte: 1963 hatte Opel das System der Großbuchstaben zur Kennzeichnung des Typus der jeweiligen Modellreihe eingeführt, das beispielsweise beim Kadett bis zum Kadett E führte. Der 1991 vorgestellte Astra war zwar der erste Wagen der Astra-Reihe, trug jedoch dennoch den Buchstaben „F", weil er der Nachfolger des Kadett E war – den Namen „Astra" bekam er, weil Opel in den 90er Jahren alle Modellbezeichnungen durch Modenamen ersetzte, die auf „a" endeten. Der Astra war also in Wahrheit ein Kadett – er sah nur anders aus. Er war erhältlich mit Schrägheck und drei oder fünf Türen, als Limousine mit vier Türen, als Kombi (bzw. Caravan) mit fünf Türen sowie als Cabriolet, das optisch der dreitürigen Limousine glich. Es lief allerdings nicht immer gut für den Astra: Wegen Konstruktionsfehlern am Tank musste er eine Rückrufaktion über sich ergehen lassen, hinzu kam zeitweise übermäßig starker Rostbefall, der auf Verarbeitungsmängel bei der Produktion (Schnittkantenrost) zurückzuführen war. Erst ab 1995 änderte sich dies, als Opel eine bessere Rostschutzvorsorge traf. Als Motoren standen dem Käufer zahlreiche Varianten zur Auswahl – vom 1,4-Liter-Benzin-Motor mit 60 PS über den 1,7-Liter-Dieselmotor mit 82 PS bis hin zum 2,0-Liter-Benzinmotor mit 150 PS. 1995 erhielt der Astra ein „Facelift": Unter anderem wurden die Form der Außenspiegel und des Kühlergrills und das Design der Heckklappe verändert, zudem war der Doppelairbag nun Serienausstattung. Die Produktion des Astra F wurde 1998 zugunsten des Astra G eingestellt – nur der „Astra Classic", eine Mischung aus dem Astra F vor und nach dem Facelift, wurde im Werk Gleiwitz noch bis 2002 gebaut.

Technische Daten	
Baureihe:	Opel Astra
Modell:	Schrägheck-Lim. 1,4 Liter; 1,6 Liter i; 1,8 Liter i drei- u. fünftürig
Bauzeit:	1991 – 97
Motor:	4 Zylinder Reihe, wassergekühlt
Ventile:	ohc, Zahnriemen
ccm:	1388; 1598; 1796
B x H:	77,6 x 73,4; 79 x 81,5; 84,4 x 79,5 mm
Leistung:	60 PS (44 kW)5200; 75 PS (55 kW)/5200; 90 PS (66 kW)/5400
Antrieb:	Vorderräder
Gemischaufb.:	Multec
Getriebe:	5V, 1R, Mittelschaltung
Bremsen:	Scheiben v, Trommel h;
Höchstgeschw.:	160; 170; 180 km/h
Leergewicht:	930; 950; 1025 kg
Reifen/Felgen:	175/70 R 13 82 T
Radstand:	2517 mm
Spur v/h:	1423/1429 mm
L x B x H:	4051 x 1688 x 1410 mm

Porsche 968

Der Porsche 968 kam nicht gerade aus einer ruhmreichen Familie: Er war nach dem 944 die zweite Weiterentwicklung des Porsche 924 – des „VW-Porsches", der in der Öffentlichkeit kein besonders gutes Image hatte. Doch der war ziemlich erfolgreich gewesen, weshalb sich Porsche wohl entschied, 1991 noch einmal eine verbesserte Version dieses Modells auf den Markt zu bringen. Optisch ähnelte das Design des 968 stark dem des 928 S4, das Konzept der Klappscheinwerfer etwa war komplett übernommen worden. Kurz nach der Markteinführung brachten einige Firmen sogar Umrüstsätze auf den Markt, mit denen der Porsche 944 optisch zu einem 968 umgebaut werden konnte. Zudem blieb der Hubraum unverändert, durch andere detaillierte Verbesserungen allerdings kam der Motor mit 240 PS auf 252 km/h Spitzengeschwindigkeit und beschleunigte den Wagen von null auf hundert in 5,9 Sekunden. Es gab mehrere Varianten des 968, darunter auch eine Cabrioversion – serienmäßig produziert wurde jedoch nur das Coupé. Es hatte, wie die anderen Varianten auch, einen Vierzylinder-Saugmotor und Hinterradantrieb. Der Porsche 968 wies vor allem herausragende Fahreigenschaften auf, die unter anderem durch die optimale Verteilung des ohnehin schon relativ geringen Gewichts erzielt wurden. Die Verkaufszahlen blieben dennoch hinter den Erwartungen zurück, was vermutlich auch am hohen Kaufpreis lag. Insgesamt wurden in zwei Jahren Bauzeit 11 245 Fahrzeuge ausgeliefert. Mit der Einstellung des 968 im Jahr 1994 ging eine zwanzigjährige Ära bei Porsche zu Ende, schließlich trugen gerade die beiden Vorgänger des 968 wesentlich zur wirtschaftlichen Sicherung des Konzerns bei.

Technische Daten	
Baureihe:	Porsche 968
Modell:	Kombi – Coupé
Bauzeit:	August 1991 – Juli 1995
Motor:	4 Zyl. Reihe
Ventile:	Vierventiler, zwei obenliegende Nockenwellen, elektronische Nockenwellenverstellung
ccm:	2990
B x H:	104 x 88 mm
Leistung:	240 PS (176 kW)/6200
Drehmoment:	305 Nm bei 4100
Gemischaufb.:	Bosch Motronic
Getriebe:	6V, 1R; a.W. Tiptronic
Bremsen:	Scheiben v/h jeweils innenbelüftet; ABS
Höchstgeschw.:	252 km/h; mit Tiptronic 247 km/h
0 – 100 km/h	6,5 sec.; mit Tiptronic 7,9 sec.
Leergewicht:	1370 kg; mit Tiptronic 1400 kg
Reifen/Felgen:	VA: 205/55 ZR 16 / 7 x 16 Zoll HA: 225/50 ZR 16 / 8 x 15 Zoll
Radstand:	2400 mm
Spur v/h:	1472/1450 mm
L x B x H:	4230 x 1735 x 1275 mm

Audi 80

Der Audi 80 von 1992 war bereits die vierte Generation der „80er“, doch optisch lehnte er sich – noch etwas mehr als an seinen Vorgänger – an den im Jahr zuvor erschienenen Audi 100 C4 an. Der war etwas größer als der Audi 80, und er hatte bereits die Stoßfänger, die Motorhaube und auch jenen integrierten Kühlergrill, der später beim Audi 80 „B4“ (so die interne Bezeichnung der vierten Generation) eingebaut wurde. Neben diesen drei Merkmalen weist der „B4“ noch eine Reihe weiterer Unterschiede im Vergleich zu seinem Vorgänger auf: die optionalen Airbags, die geänderten Leuchteinheiten (die Sechszylinder-Modelle bekamen zudem eine besondere Frontpartie mit anderen Scheinwerfern und in den Stoßfänger verlagerten Blinkern), der leicht vergrößerte Radstand, die standardmäßigen 15-Zoll-Räder, die neu konstruierte Hinterachse und damit auch die Veränderung des Tanks sowie des Kofferraumbodens, die modifizierte Klimaautomatik, die umklappbaren Rücksitze (optional), die verbesserte Dämmung und schließlich die hochwertigeren Materialien, die im Innenraum verwendet wurden. Unverändert blieb ein Großteil der Dachpartie, also auch die Form und Position der Frontscheibe. Die Heckscheibe dagegen war beim „B4“ etwas weniger stark gewölbt als bei seinem Vorgänger. Letztendlich machten die vielen Veränderungen Sinn: Durch die neue Hinterachse und den nun liegenden Tank wurde die kurze Zeit später präsentierte Kombi-Variante „Avant“ ermöglicht. Der Neue war natürlich auch leistungsstärker – erstmals war der Audi 80 nun auch mit V6-Motoren erhältlich. 1995 wurde der Audi 80 dann endgültig aus der Produktion genommen, nach vier Generationen wurde er durch den A4 ersetzt.

Technische Daten	
Baureihe:	Audi 80
Modell:	Audi 80 Avant
Bauzeit:	1992 – 1995
Motor:	4-Zyl.-Reihe
Ventile:	ohc; hängend
ccm:	1984
B x H:	82,5 x 92,8 mm
Leistung:	90 PS (66 kW) bei 5400/min
Antrieb:	Vorderräder
Gemischaufb.:	elektr. Zentraleinspritzung
Getriebe:	5V, 1R oder Automatik
Bremsen:	Scheiben v; Trommel h
Höchstgeschw.:	172 km/h
Leergewicht:	1230 kg
Reifen/Felgen:	195/65 R 15 91 T
Radstand:	2612 mm
Spur v/h:	1448; 1471 mm
L x B x H:	4482 x 1695 x 1408 mm

VW Vento

Volkswagen blieb hartnäckig. Der Jetta hatte sich zwar über die Jahre totgelaufen, die Entwicklung des Derby und des Santana stützten zudem die Annahme, dass zumindest auf dem deutschen Markt mit den Stufenheckversionen der Hauptmodelle Polo, Golf und Passat nicht viel zu holen sein würde. Trotzdem leiteten die VW-Ingenieure auch vom Golf III wieder eine Stufenhecklimousine ab, den 1992 in Brüssel vorgestellten Vento. Der hatte optisch große Ähnlichkeit mit dem Golf, abgesehen vom modifizierten Kühlergrill mit den eckigen Scheinwerfern – und natürlich dem Kofferraum, der 550 Liter fasste. Zudem war der Vento, den es ab 28 000 DM zu kaufen gab, besser ausgestattet. Technisch war er baugleich mit dem Golf. Sechs Motorvarianten waren erhältlich. Am besten verkaufte sich die Version mit einem 1,8-Liter-Vierzylinder, der 90 PS leistete und eine Höchstgeschwindigkeit von 189 km/h schaffte. Ab 1993 baute VW auf Wunsch auch einen neu entwickelten 1,9-Liter-Dieselmotor mit ebenfalls 90 PS ein, der vor allem mit seinem sparsamen Verbrauch von sechs Litern pro 100 Kilometer glänzte. Im Laufe der Jahre modifizierte VW den Vento an vielen Stellen. Die Baureihen nach 1995/1996 waren technisch zuverlässiger und vor allem weniger rostanfällig. Eine Allradversion jedoch bot VW nie an. Auf dem deutschen Markt lief der Verkauf des Vento schleppend. Aber das war nach den Erfahrungen mit den Vorgängern fast schon zu erwarten gewesen. Dafür waren die Kunden in den USA gut zu begeistern für den geräumigen Wagen der unteren Mittelklasse. Dennoch blieb der Vento nicht mehr als eine Episode in der VW-Historie. 1997 wurde die Produktion eingestellt.

Technische Daten	
Baureihe:	VW Vento
Modell:	Limousine 1,6 Liter; viertürig
Bauzeit:	1992 – 1997
Motor:	4-Zyl.-Reihe; wassergekühlt
Ventile:	ohc
ccm:	1781
B x H:	81 x 86,4 mm
Leistung:	90 PS (66 kW) bei 5500/min
Antrieb:	Vorderräder
Gemischaufb.:	Bosch Monomotronic
Getriebe:	5V oder Automatik
Bremsen:	Scheiben v/Trommel h
Höchstgeschw.:	180 km/h
Leergewicht:	1075 kg
Reifen/Felgen:	185/60 HR 14 oder 195/50 VR 15
Radstand:	2475 mm
L x B x H:	4380 x 1695 x 1425 mm

Ford Mondeo

Anfang der neunziger Jahre steckte Ford in einer tiefen Absatzkrise. Die Rettung sollte ein Weltauto sein, das in den USA, Europa, Australien und Südamerika gebaut wurde. Der Name war Programm: Ford Mondeo (das französische „le monde" heißt „Welt"). Die Autos, die in Deutschland verkauft wurden, stammten aus dem belgischen Genk. Der Mondeo besetzte die Mittelklasse und war der Nachfolger des Sierra. Mit dem komplett neu entwickelten Auto kehrte Ford in dieser Klasse zum Frontantrieb zurück. Zunächst waren drei Benziner mit 90 bzw. 115 oder 136 PS (letzterer mit Allradantrieb) und ein Diesel (1,8-Liter-Turbodiesel mit 88 PS) im Angebot. Mit der Basismotorisierung beschleunigte der Mondeo in 13,6 Sekunden von 0 auf 100 km/h und schaffte es in der Spitze bis auf 180 km/h. Serienmäßig an Bord waren unter anderem ein Fünfganggetriebe, Servolenkung und Airbags für Fahrer und Beifahrer. Im Vergleich zum Sierra war der Radstand um 10 Zentimeter gewachsen, trotz nahezu unveränderter Länge. Der dadurch vergrößerte Innenraum war von Anfang eine Vorgabe gewesen. Den Mondeo gab es wieder in drei Varianten: als Stufenheck, als Schrägheck und als Kombi. Besonders der Kombi bestach durch seinen enorm großen Kofferraum. Um die Ladefläche so groß wie möglich zu machen, entwickelte Ford eigens eine komplizierte Hinterradaufhängung. Der Aufwand wurde belohnt: Die Kombiversion war die meistverkaufte in Deutschland. Europas Motorjournalisten waren angetan vom Mondeo. Sie kürten ihn 1994 zum „Auto des Jahres", trotz seiner Schwächen, die vor allem in der schlechten Übersicht von innen heraus und im hohen Kraftstoffverbrauch bestanden.

Technische Daten	
Baureihe:	Ford
Modell:	Mondeo 2.5 i 24V
Bauzeit:	1993 – 2000
Motor:	Ottomotor (Einspritzer); Duratec, LM-Block/Kopf
Ventile:	4; V-förmig; hängend; 2x2 obenliegende Nockenwellen
ccm:	2544
B x H:	82,4 x 79,5
Leistung:	170 PS (125 kW) bei 6250/min
Antrieb:	Frontantrieb
Gemischaufb.:	Elektronische Einspritzung; Ford EEC-V
Getriebe:	5-Gang
Bremsen:	Zweikreis-Hydraulik; Servo; vorn und hinten belüftete Scheiben
Höchstgeschw.:	224 km/h
Leergewicht:	1483 kg
Radstand:	2608 mm
Spur v/h:	1452; 1468 mm
L x B x H:	4480 x 1750 x 1430 mm

Mercedes C 180

Die C-Klasse trat bei Mercedes ein schweres Erbe an: Sie war der Nachfolger der überaus erfolgreichen 190er-Klasse. Optisch lehnte sich die im Juni 1993 präsentierte C-Klasse an die E-Klasse und die S-Klasse an, die beide ab Anfang der 80er Jahre verkauft worden waren: Die Wagenführung war relativ kantig, aber dennoch elegant. Die C-Klasse wurde zunächst in vier verschiedenen Benzin-Motorisierungen und drei Diesel-Motorisierungen angeboten, sowohl mit Vierzylinder-, als auch mit Sechszylinder-Motoren, später kamen weitere Varianten hinzu. Einer der ersten Modelle war der C 180, der sieben Jahre lang gebaut wurde (1993 bis 2000) und mit einem Vierzylinder-Motor ausgestattet war, der 122 PS leistete; der C 180 war damit das Einsteigermodell der C-Klasse. Deutlich leistungsstärker war der C 230 Kompressor, der 1995 folgte und ebenfalls von einem Vierzylinder-Motor angetrieben wurde, allerdings 193 PS stark war. Die C-Klasse erfuhr im Laufe der Jahre einige Veränderungen und Verbesserungen. Zu den wichtigsten Neuerungen zählten der 1997 eingeführte serienmäßige Bremsassistent mit Sidebags, der Schlüssel ohne Bart („Elcode"), sowie die neuen Motoren: V6-Motoren, die über Dreiventiltechnik und Doppelzündung (zwei Zylinder pro Zündkerze) verfügten. Nicht jede Neuerung aber glückte: 1998 wurde der Unterboden mit einer neuen Grundierung versehen, um einen besseren Rostschutz zu erreichen. Das misslang – die Fahrzeuge von 1998 und 1999 rosteten mehr als je zuvor, so dass die neue Grundierung bereits 1999 wieder abgeschafft wurde. Die letzten Modelle der C-Klasse, unter anderem der C 250 Turbodiesel, rollten 2001 vom Band.

Technische Daten	
Baureihe:	W 202
Modell:	C 180 Limousine
Bauzeit:	1993 – 2000
Motor:	4 Zyl.-Reihe
Ventile:	dohc
ccm:	1799
B x H:	85,3 x 78,7 mm
Leistung:	122 PS (90 kW) bei 5500/min
Drehmoment:	170 Nm bei 3700/min
Gemischaufb.:	Saugrohr-Einspritzung (HFM)
Getriebe:	5V-Schalter, optional Automatik
Antrieb:	auf Hinterräder
Fahrwerk:	Doppelquerlenkerachse; Schraubenfedern; Gasdruck-Dämpfern vorn; Verbundlenkerachse; Schraubenfedern; Gasdruck-dämpfer hinten
Bremsen:	Scheiben v/h; Servo; ABS; ESP (Serie ab 8/1999)
Höchstgeschw.:	193 km/h
Leergewicht:	1275 kg
Reifen/Felgen:	6.5 J x 15 / 195/65 R 15
Radstand:	2690 mm
L x B x H:	4516 x 1723 x 1428 mm

Opel Tigra

Mit dem Tigra gelang Opel bei dessen Präsentation 1994, dem Jahr, in dem das dreißigmillionste Opel-Fahrzeug die Produktionshallen verließ, eine Neuerung auf dem Automarkt: Es wurde eine neue Fahrzeugkategorie geschaffen – das Mini-Sportcoupé. Insgesamt sechs Jahre lang wurde der Tigra gebaut: von 1994 bis 2000. Dazu kam der Tigra Roadster, der jedoch nur zu Showzwecken konstruiert wurde. Der Tigra glänzte neben seiner keilartigen Form vor allem durch einen – in Relation zum relativ geringen Gesamtgewicht des Wagens – leistungsstarken Motor, der Höchstgeschwindigkeiten von nahezu 200 km/h erlaubte, sowie durch eine gute Kurvenlage. Dass der Tigra ein Sportwagen war, schlug sich natürlich auch in der Ausstattung nieder: serienmäßig wurden eine Sport-Gangschaltung wie auch Sportsitze eingebaut – kaum zu glauben, dass der Tigra vom braven Corsa B abstammt. Lediglich in der Innenausstattung, wie beim Armaturenbrett, sind Ähnlichkeiten zu sehen. Dafür war der Tigra mit einer guten Sicherheitsausstattung versehen: ESP, Bremsassistent, vier Airbags und der markant gewellte Überrollbügel waren serienmäßig. Das Dach ließ sich per Knopfdruck ein- und ausfahren, wie auch der Deckel des Kofferraums – einziger Nachteil dieser Lösung: Man musste den Knopf dauerhaft betätigen, was etwa bei Regen am Supermarkt-Parkplatz durchaus ärgerlich sein kann. Insgesamt aber überwogen die Vorteile des Tigra, was ihn zu einem beliebten Sportwagen der Mittelklasse machte – und seinem Nachfolger, dem TwinTop, ein gute Ausgangsposition bescherte.

Technische Daten	
Baureihe:	Opel Tigra
Modell:	Coupé 1,4 i 16V; 1,6 16V
Bauzeit:	1994 – 2000
Motor:	4 Zylinder Reihe, wassergekühlt
Ventile:	dohc, Zahnriemen
ccm:	1389; 1589
B x H:	77,5 x 73,4; 79 x 81,5 mm
Leistung:	90 PS (66 kW)6000; 106 PS (78 kW)/6000
Antrieb:	Vorderräder
Gemischaufb.:	Multec-S
Getriebe:	5V, 1R, Mittelschaltung
Bremsen:	Scheiben v, Trommel h; ABS
Höchstgeschw.:	190; 203 km/h
Leergewicht:	1055 kg
Reifen/Felgen:	175/65 14 H; 185/55 R 15 H
Radstand:	2429 mm
Spur v/h:	1387/1388; 1393/1394 mm
L x B x H:	3922 x 1812 x 1340 mm

Audi A6

Der Audi A6 kam 1994 auf den Markt, es war die erste von bislang drei Versionen der Limousine der oberen Mittelklasse. Zunächst war er jedoch lediglich eine modifizierte Variante des Audi 100 C4, bei dem unter anderem die Scheinwerfer und Rückleuchten zur Fahrzeugmitte hin abgeschrägt, ein digitaler Kilometerzähler eingebaut, die Fenster mit Chromleisten verziert und die Stoßfänger verändert wurden. Die zweite Baureihe, die ab 1997 produziert wurde, erhielt als weitere Modellvariation den A6 Avant, ein Kombi-Modell, das mit einem leistungsgesteigerten Achtzylinder-Motor fuhr. Im Oktober 1999 erhielt der A6 als erstes Audi-Fahrzeug die stufenlose Automatikschaltung „Multitronic", die durch eine verbesserte Umsetzung Beschleunigung und Kraftstoffverbrauch optimieren sollte. Am erfolgreichsten ist der A6 allerdings bislang in der dritten Variante, die seit April 2004 hergestellt wird – diese dritte Generation sorgte immerhin für das beste A6-Jahr überhaupt, 2005, als der A6 zahlreiche Auszeichnungen erhielt. So wurde der A6 im Jahr 2005 auf dem Genfer Autosalon zum „Auto Nr. 1 von Europa" gewählt, in der Fachzeitschrift „Auto, Motor und Sport" wurde er bei der Leserwahl Sieger seiner Klasse, und der ADAC ehrte ihn mit dem Preis „Gelber Engel 2005". Dementsprechend gut waren die Verkaufszahlen: Der A6 beendete 2005 erstmals die über 30 Jahre dauernde Vorherrschaft von Mercedes im Marktsegment der oberen Mittelklasse – knapp vor der E-Klasse und dem BMW 5er lag der A6 erstmals auf Platz eins der Zulassungsstatistik. 2006 konnte er diese Führung verteidigen – und sogar noch ausbauen.

Technische Daten	
Baureihe:	Audi A6
Modell:	Audi A6 2.6
Bauzeit:	1994 – 1997
Motor:	V6
Ventile:	hängend; ohc
ccm:	2598
B x H:	82,5 x 81 mm
Leistung:	150 PS (110 kW) bei 5750/min
Antrieb:	Vorderräder (a. W. quattro)
Gemischaufb.:	Bosch Motronic
Getriebe:	5V, 1R oder Automatik
Bremsen:	v und h Scheiben
Höchstgeschw.:	209 km/h
Leergewicht:	1440 kg
Reifen/Felgen:	195/65 R 16 V
Radstand:	2687 mm
Spur v/h:	1524; 1524 mm
L x B x H:	4797 x 1783 x 1430 mm

Audi A4

Der Audi A 4 hatte sein bestes Jahr 2005, als er in der deutschen Zulassungsstatistik auf Rang drei lag, geschlagen nur vom VW Golf und dem Opel Astra. Da war er schon elf Jahre alt – präsentiert worden war der A4 bereits 1994, als Nachfolger der vierten Generation des Audi 80. Mit dem A4 baute Audi ein Auto der Mittelklasse, das zwischen dem A3 und dem A6 angesiedelt war und immer noch ist. Zunächst wurde der A4 ausschließlich als Limousine angeboten, doch schon 1996 folgte die Kombiversion „Avant". Serienmäßig war der A4 mit Frontantrieb ausgestattet, optional war er aber auch mit dem Allradsystem „quattro" erhältlich. Ab September 1997 wurde das Modell „S4" angeboten, eine Variante des A4, nur sportlicher und leistungsstärker. Der S4 erreichte die Kraft von 265 PS, der ab Juni 2000 produzierte RS4 Avant gar 380 PS. Diese beiden Modelle hoben sich auch optisch von den übrigen Serienmodellen ab, beispielsweise durch das Design der Stoßstangen: Sie wurden serienmäßig in Wagenfarbe lackiert. Der A4 erhielt 1999 noch einmal ein Facelift, bei dem mehrere Verschönerungen vorgenommen wurden. Unter anderem wurden nun Scheinwerfer in Klarglasoptik eingebaut und optional Xenon-Scheinwerfer angeboten, das Design der Türgriffs und der Seitenblinker am Kotflügel wurde verändert, die Mittelkonsole wurde modifiziert, und der Tacho leuchtete jetzt weiß. Die Produktionszeit des ersten A4 endete allerdings nur ein Jahr später, im Oktober 2000, die des ersten A4 Avant im Juni 2001. Ihre Nachfolger hat Audi jedoch noch heute im Programm.

Technische Daten	
Baureihe:	Audi A4
Modell:	Audi A4 1.8 turbo
Bauzeit:	1994 – 2002
Motor:	4-Zyl.-Reihe
Ventile:	hängend; dohc; Fünfventiler
ccm:	1781
B x H:	81 x 86,4 mm
Leistung:	150 PS (110 kW) bei 5700/min
Antrieb:	Vorderantrieb oder quattro
Gemischaufb.:	Bosch Motronic; Abgasturbolader
Getriebe:	5V, 1R
Bremsen:	Scheiben v/h
Höchstgeschw.:	222 km/h
Leergewicht:	1235 kg
Reifen/Felgen:	195/65 R 15 V
Radstand:	2617 mm
Spur v/h:	1498/1479 mm
L x B x H:	4479 x 1733 x 1415 mm

Audi A8

Der A8 war eine echte Neuheit, als er 1994 vorgestellt wurde: Er war das erste Großserienfahrzeug mit kompletter Aluminiumkarosserie. Die Ingolstädter Autobauer wollten so das Gewicht des Wagens und damit seinen Kraftstoffverbrauch entscheidend senken – doch das gelang nur teilweise. Schließlich war der A8 ein Leichtgewicht mit allerlei technischen Ausstattungsraffinessen, wie unter anderem dem Allradantrieb „quattro“, der auf Wunsch eingebaut wurde, der aber das Gewicht allein um etwa 100 Kilogramm erhöhte. Immerhin aber blieb der A8 unter dem Gewicht der Konkurrenz, die vor allem aus der 7er-Reihe von BMW und der S-Klasse von Mercedes bestand. Die Kunden hatten beim A8 die Qual der Wahl: So konnte unter anderem zwischen Front- oder Heckantrieb gewählt werden, oder auch zwischen Sechsgang-Handschaltung und Fünfstufen-Automatikgetriebe. Letztere Wahlmöglichkeit galt allerdings nur bis zum ersten Facelift 1999, danach war der A8 nur noch mit Automatikgetriebe erhältlich. Wie es sich für ein Oberklassefahrzeug gehört, war der A8, der in seiner ersten Variante intern „Typ D2“ hieß, mit einem kräftigen Motor ausgestattet: Die Modelle mit Sechszylinder-Motor erreichten bei bis zu 193 PS maximal 236 km/h, mit Achtzylinder-Motor mit bis zu 360 PS abgeregelte 250 km/h, und in der Spitzenausstattung mit Zwölfzylindermotor stolze 420 PS mit ebenfalls abgeregelten 250 km/h Höchstgeschwindigkeit. Im Laufe der Jahre erhielt der A8 mehrere Facelifts, das erste 1999, das zweite 2001, bei dem beispielsweise die Scheinwerfer verändert wurden. Seit 2003 ist der Nachfolger des ersten A8, der „Typ D3“, auf dem Markt.

Technische Daten	
Baureihe:	Audi A8
Modell:	Audi A8 4.2 quattro
Bauzeit:	1994 – 1998
Motor:	V8
Ventile:	hängend; dohc; Vierventiler
ccm:	4172
B x H:	84,5 x 93 mm
Leistung:	300 PS (220 kW) bei 6000/min
Antrieb:	permanenter Allradantrieb
Gemischaufb.:	Bosch Motronic
Getriebe:	Automatik
Bremsen:	Scheiben v/h
Höchstgeschw.:	250 km/h (abgeregelt)
Leergewicht:	1750 kg
Reifen/Felgen:	225/60 R 16 W
Radstand:	2880 mm
Spur v/h:	1591/1580 mm
L x B x H:	5034 x 1880 x 1436 mm

VW Sharan

Der Sharan war in mehrerlei Hinsicht ein interessantes Experiment. Um in den Markt der Großraumlimousinen einzusteigen, bildete Volkswagen ein Joint Venture mit Ford. Beide Firmen gründeten mit jeweils 50-prozentiger Beteiligung und insgesamt vier Milliarden DM Kapitaleinsatz die Gesellschaft AutoEuropa mit einem Werk in Portugal, um dort unter einem Dach im Prinzip das gleiche Auto für beide Marken zu bauen, den Ford Galaxy und den VW Sharan (die zu VW gehörende Marke Seat verkaufte den Van zudem als Alhambra). Die Aufgaben waren klar verteilt: VW kümmerte sich um Technik und Design, Ford um das Werk, die Materialbeschaffung und die Produktion. Der Sharan kam 1995 auf den Markt. Das Auto richtete sich an junge Familien, die ein vielseitiges Auto mit viel Platz brauchen. Es ging nicht um Designpreise, die Form folgte der Funktion. Die Motorhaube ging von der Seite betrachtet in einer Linie in die große Windschutzscheibe über. Der Innenraum war variabel gestaltet. Es ließen sich bis zu sieben Sitze einbauen, aber auch fünf davon mit wenigen Handgriffen ausbauen, so dass eine ebene Ladefläche von zwei Metern Länge entstand. Zu Beginn waren drei Motorvarianten für den Sharan erhältlich: ein 2,0-Liter-Vierzylinder mit 115 PS, ein 1,9-Liter-Turbodiesel mit 90 PS und am oberen Ende ein Sechszylinder-Aggregat mit 174 PS. Der Einstiegspreis lag bei 41 950 Mark. Das Experiment Sharan war auch deshalb interessant, weil sich die Autos auf den europäischen Märkten unterschiedlich gut schlugen. Die Deutschen etwa bevorzugten den VW, obwohl er bei gleicher Ausstattung 1000 bis über 2000 Mark teurer war als der Galaxy. In England hingegen ist die Marke Ford beliebter und somit der Galaxy erfolgreicher.

Technische Daten	
Baureihe:	VW Sharan
Modell:	Großraum-Limousine; 2,0 Liter; fünftürig
Bauzeit:	1995 – 2000
Motor:	4-Zyl.Reihe; wassergekühlt
Ventile:	ohc
ccm:	1994
B x H:	82,5 x 92,8 mm
Leistung:	115 PS (85 kW) bei 5400/min
Antrieb:	Vorderräder
Gemischaufb.:	elektron. Einspritzung Digifant
Getriebe:	5V oder Automatik
Bremsen:	Scheiben v/h; Servo
Höchstgeschw.:	177 km/h
Leergewicht:	1675 kg
Reifen/Felgen:	195/65 TR 15 oder 205/60 HR 15
Radstand:	2835 mm
L x B x H:	4620 x 1810 x 1730 mm

Porsche 911 GT2

Für Porsche-Fans ist der Porsche 911 von 1993 – intern als „993" bezeichnet – die letzte echte Generation der 911er. Schließlich war er der letzte Porsche 911, dessen Motor luftgekühlt war; beim Nachfolger führte Porsche die Wasserkühlung ein. Der 993, der bis 1998 gebaut wurde, hat daher eine Art Besonderheitswert bei Porsche-Fans, zumal er auch technisch auf höchstem Niveau war. Das zeigt allein die Einführung des GT2, der in seiner ersten Version auf dem 993 basierte: Er wurde für Kunden gebaut, die ihren Wagen lieber auf der Rennstrecke als im Straßenverkehr bewegen – was nicht heißen soll, dass letzteres nicht möglich wäre. Der erste GT2 war leichter als das Serienmodell und hatte eine höhere Motorleistung, was auch auf die zwei Turbolader zurückzuführen ist. Er verfügte über Heckantrieb und war im Komfort stark reduziert, wodurch sich ein sportlicheres Fahrverhalten ergab. Die erste Version des 911 GT2 erschien 1995 auf Basis des 993 Turbo, der Motor leistete 430 PS. Später kam noch eine reine Rennversion hinzu, deren Motor es auf 480 PS brachte. Die enorme Leistung hatte jedoch ihren Preis: In der Straßenversion, von der 172 Exemplare ausgeliefert wurden, kostete der GT2 anfangs 268 000 DM als Grundpreis, die Rennversion kam gar auf 506 000 DM. In den Folgejahren wurde der GT2 mehrmals überarbeitet, im August 2000 erschien der erste wassergekühlte GT2, und im April 2003 schließlich kam die überarbeitete Version auf den Markt, die alle GT2-Vorgänger mit einer Beschleunigung von null auf hundert in 3,9 Sekunden noch einmal deutlich übertraf.

Technische Daten	
Baureihe:	Porsche 911 GT 2
Modell:	Coupé
Bauzeit:	April 1995 – Juli 1997
Motor:	6 Zyl. Boxer
Ventile:	Zweiventiler, 2x1 obenliegende Nockenwellen, V-förmig hängend
ccm:	3746
B x H:	100 x 76,4 mm
Leistung:	430 PS (316 kW)/3600
Drehmoment:	540 Nm bei 5750
Gemischaufb.:	Digitale Motor Elektronik Bosch, sequentielle Einspritzung, 2 Abgas Turbolader, Ladeluftkühler
Getriebe:	6V, 1R, Allradantrieb
Bremsen:	Scheiben v/h, innenbelüftet, ABS
Höchstgeschw.:	295 km/h
0 – 100 km/h	4,4 sec.
Leergewicht:	1295 kg
Reifen/Felgen:	VA: 235/40 ZR 18 / 9 x 18 Zoll HA: 285/35 ZR 18 / 11 x 18 Zoll
Radstand:	2271 mm
Spur v/h:	1475/1550 mm
L x B x H:	4245 x 1855 x 1270 mm

Ford Ka 1,3

Das von Ford Mitte der neunziger Jahre propagierte „New Edge"-Design fand seine vielleicht konsequenteste Ausführung im 1996 auf den Markt gekommenen Ford Ka. Das nur 3,62 Meter lange Auto sorgte damals für Aufsehen. Die einen waren verschreckt von dem unkonventionellen Kleinwagen mit den riesigen schwarzen Kunststoffbalken, die vorne übergangslos Stoßstange und Kotflügel bildeten. Die anderen liebten die wendige „Knutschkugel". Die Standardmotorisierung war zunächst ein 1,3-Liter-Vierzylinder mit 16 Ventilen, wahlweise mit 50 oder 60 PS. Die Modelle kosteten 16 750 DM bzw. 18 150 DM. Was die Mechanik betraf, basierte der Ka auf dem großen Bruder Fiesta – eine Notwendigkeit nicht nur aus Kosten-, sondern auch aus Zeitgründen: Der Ka wurde in nur drei Jahren zur Serienreife gebracht. Gemeinsam waren den Autos etwa die Einzelradaufhängung, der Vorderradantrieb und die Verbundlenker-Hinterachse. Bemerkenswert an diesem kleinen Auto war die große Kopffreiheit auf allen vier Plätzen. Dafür war der Sitzraum für die beiden hinteren Passagiere schmal bemessen. Aber wenigstens saß man in einem für diese Klasse gut gefederten Auto. Kritiker lobten es seinerzeit als Bereicherung des Kleinwagensortiments. 2003 gewährten die Ford-Ingenieure dem Ka einen Kraftschub. Ab nun gab es auch einen für dieses Auto stark dimensionierten 1,6-Liter-Motor mit 95 PS zu kaufen. Die Version heißt Sportka. Insgesamt betrachtet, wurde der Ka zum Erfolg für Ford. Obwohl das Auto seit 1996 bis auf ein paar Facelifts unverändert blieb, hat der Konzern schon über eine Million Exemplare produziert. Das „New Edge"-Experiment hat sich ausgezahlt.

Technische Daten	
Baureihe:	Ford
Modell:	Ka 1.3 I 16V
Bauzeit:	1996 – 1998
Motor:	4-Zyl.-Reihe; Ottomotor (Einspritzer) HCS Endura E; Grauguss-Kopf
Ventile:	2; V-förmig hängend; 1 seitl. Nockenwelle
ccm:	1299
B x H:	74 x 75,5
Leistung:	50 PS (37 kW) bei 5000/min
Antrieb:	Frontantrieb
Gemischaufb.:	Elektronische Zentral-Einspritzung SEFI; Ford EEC-V
Getriebe:	5-Gang
Bremsen:	Zweikreis-Hydraulik; Servo; Scheibenbremsen vorn; Trommelbremsen hinten
Höchstgeschw.:	147 km/h
Leergewicht:	870 kg
Reifen/Felgen:	155/70 R 13; 165/65 R 13; 5.0J x 13
Radstand:	2448 mm
Spur v/h:	1395; 1411 mm
L x B x H:	3620 x 1639 x 1413 mm

Audi A3

Mit dem A3 stieg Audi 1996 in ein Fahrzeugsegment ein, das bislang der Konkurrenz vorbehalten blieb: die Kompaktklasse. Die technische Basis teilte sich der A3 mit dem VW Golf aus dem eigenen Konzern. Zu Beginn wurde der A3 ausschließlich als Dreitürer angeboten, erst 1999 kam eine Version mit fünf Türen hinzu. Serienmäßig war er mit Frontantrieb ausgestattet, wahlweise wurde jedoch auch das Allradsystem „qattro" eingebaut. Nur beim S3, der stärksten Variante des A4, war der Allradantrieb serienmäßig. Die mit 1,6-Liter-Benzinmotoren verbauten Varianten erreichten eine Leistung von 102 PS, die Diesel-Motoren zwischen 90 PS und 130 PS, beide Varianten wurden jeweils mit einem Reihen-Vierzylinder-Motor konstruiert. Der S3 war zwar ebenfalls mit einem Reihen-Vierzylinder ausgestattet, doch aufgrund seines 1,8-Liter-Turbomotors mit Fünfventil-Technik bot er dem Fahrer stattliche 210 PS, ab dem Facelift gar 225 PS. Zudem verfügte der S3 über eine erweiterte Grund- und Exklusivausstattung: Er hatte breitere Kotflügel, lackierte Seitenschweller, Dachkantenspoiler, sichtbare Auspuffendrohre, das Allradsystem „quattro", elektrisch verstellbare Sportsitze der Firma Recaro und Xenon-Scheinwerfer. Im September 2000 erfuhr der A3 ein Facelift, bei dem zahlreiche Verbesserungs- und Verschönerungsmaßnahmen durchgeführt wurden. 2003 schließlich wurde die Produktion des ersten A3 eingestellt, zugunsten seines Nachfolgers, der neuen A3-Generation. Bis dahin waren stolze 900 000 Exemplare des A3 verkauft worden.

Technische Daten	
Baureihe:	Audi A3
Modell:	Audi A3 1.8
Bauzeit:	1996 – 2003
Motor:	4-Zyl.-Reihe
Ventile:	hängend; dohc; Fünfventiler
ccm:	1781
B x H:	81 x 86,4 mm
Leistung:	125 PS (92 kW) bei 6000/min
Antrieb:	Vorderräder
Gemischaufb.:	Bosch Motronic
Getriebe:	5V, 1R oder Automatik
Bremsen:	Scheiben v/h
Höchstgeschw.:	202 km/h
Leergewicht:	1140 kg
Reifen/Felgen:	195/65 R 15 V
Radstand:	2512 mm
Spur v/h:	1513/1495 mm
L x B x H:	4152 x 1735 x 1423 mm

Porsche Boxter

Ende der 80er Jahre war Porsche in eine Krise geraten, die sich noch bis in die 90er Jahre hineinzog. Weil aber gerade zu dieser Zeit Roadster-Fahrzeuge sehr gefragt waren, entschied man sich bei Porsche, einen Mittelmotor-Roadster zu konstruieren. 1993 dann wurde der Boxster auf der Detroit Motor Show präsentiert, 1996 schließlich erfolgte die Markteinführung in Deutschland. Die Bezeichnung „Boxster" setzte sich zusammen aus zwei Begriffen: der ersten Hälfte von „Boxer" (Porsche-Motorenmodell), und der zweiten Hälfte von „Speedster". Der erste Porsche Boxster erschien mit einem wassergekühlten 2,5-Liter-Sechszylinder-Motor mit 204 PS und enthielt viele Komponenten des ein Jahr später erschienenen Porsche 911; er galt als Nachfolger des Porsche 550 „Spyder". Ab 1997 wurde die Produktion nach Finnland ausgelagert, seitdem wird der Großteil der Boxster-Modelle im finnischen Uusikaupunki gebaut. Anfangs musste der Boxster zwar viel Kritik ertragen, beispielsweise wurde die Optik der Leuchteinheiten als „Spiegeleier-Leuchten" verspottet. Dafür aber sorgte das Konzept des Mittelmotors für einen großen Unterschied zu den Roadstern der anderen Firmen: Der Boxster verfügte über wesentlich mehr Platz. Er hatte vorne und hinten je einen Kofferraum, der durch das geöffnete Verdeck nicht beeinträchtigt wurde. Zudem lockte er mit einem Einstiegspreis von 76 500 DM – für einen Porsche ein relativ günstiger Preis – neue Kunden, und sorgte so für eine Gesundung des Unternehmens. Mehr noch: Der Boxster läutete einen regelrechten Porsche-Boom in den 90er Jahren ein.

Technische Daten	
Baureihe:	Porsche Boxster
Modell:	Cabriolet
Bauzeit:	seit August 1996
Motor:	6 Zyl. Boxer, wassergekühlt
Ventile:	Vierventiler, 2x2 obenliegende Nockenwellen, V-förmig hängend
ccm:	2480
B x H:	100 x 76,4 mm
Leistung:	204 PS (150 kW)/6000
Drehmoment:	245 Nm bei 4500
Gemischaufb.:	Digitale Motor Elektronik Bosch, sequentielle Einspritzung
Getriebe:	5V, 1R, Allradantrieb
Bremsen:	Scheiben v/h, innenbelüftet, ABS
Höchstgeschw.:	240 km/h, mit Tiptronic 235 km/h
0 – 100 km/h	6,9 sec., mit Tiptronic 7,6 sec.
Leergewicht:	1259 kg, mit Tiptronic 1300 kg
Reifen/Felgen:	VA: 205/55 ZR 16 / 6 x 16 Zoll HA: 225/50 ZR 16 / 7 x 16 Zoll
Radstand:	2415 mm
Spur v/h:	1465/1528 mm
L x B x H:	4315 x 1780 x 1290 mm

Mercedes A-Klasse

Jahrzehntelang war Mercedes eine Automarke, die vor allem durch ihre Mittel- und Oberklassenlimousinen bekannt wurde. Doch das sollte sich 1997 ändern: Mercedes stellte die A-Klasse vor. Die Gründe für die überraschende Ergänzung der Produktpalette waren zum einen die schwindenden Wachstumsmöglichkeiten im Hauptmarkt von Mercedes, zum anderen die Verkehrsverhältnisse, mit denen sich auch die Bedürfnisse der Kunden veränderten: Parkplätze wurden besonders in den Großstädten zur Mangelware, die Verkehrsdichte nahm stetig zu. Mit der A-Klasse nun sollten nicht nur jüngere Fahrer für Mercedes gewonnen werden, sondern eben auch ein Pkw angeboten werden, der die neuen Bedingungen des Verkehrs zu seinem Vorteil machte: Er war klein und kompakt. Einen ersten Entwicklungsansatz gab es bereits 1986, mit dem „NAFA" (Nahverkehrsfahrzeug), ein äußerst kleines Fahrzeug, das auch den Spitznamen „Vesperwägele" trug. Nach weitern Studien 1993 und 1994 wurde der erste A-Klasse-Wagen schließlich 1997 auf den Markt gebracht – und auch er bekam einen Spitznamen: „Elch". Das allerdings hatte einen für Mercedes weniger lustigen Hintergrund: Bei einem „Elchtest" – einem Spurwechsel-Fahrmanöver bei ca. 65 km/h – durch einen schwedischen Auto-Journalisten drei Tage nach der offiziellen Vorstellung kippte das Fahrzeug zur Seite um. Daraufhin entschloss sich Mercedes zum Produktionsstopp und rüstete alle bisher gebauten Fahrzeuge mit ESP und geändertem Fahrwerk nach. Die A-Klasse war trotzdem sehr erfolgreich: Von der ersten Baureihe (1997 bis 2002) wurden weltweit rund 1,1 Millionen Exemplare verkauft.

Technische Daten	
Baureihe:	W 168
Modell:	A 140
Bauzeit:	1997 – 2004
Motor:	4 Zyl.-Reihe
Ventile:	ohc
ccm:	1397
B x H:	80,0 x 69,5 mm
Leistung:	82 PS (60 kW) bei 5000/min
Drehmoment:	130 Nm bei 3750/min
Gemischaufb.:	Saugrohr-Einspritzung (HFM)
Getriebe:	5V-Schalter; optional Halb-Automatik oder Automatik
Antrieb:	auf Vorderräder
Fahrwerk:	McPherson-Achse; Querlenker vorn; Längslenkerachse; Schraubenfedern; Teleskop-Stoßdämpfer hinten
Bremsen:	Scheiben v / Trommel h; Servo; ABS; ESP
Höchstgeschw.:	170 km/h
Leergewicht:	1020 kg
Reifen/Felgen:	5.5 J x 15 / 195/50 TR 15
Radstand:	2423 mm
L x B x H:	3575 x 1919 x 1575 mm

Ford Puma

Mit dem Puma baute Ford ein Auto für einen wachsenden Markt, die so genannten Nischenfahrzeuge. Es gab in den neunziger Jahren immer mehr Kunden, die als Auto keine Eier legende Wollmilchsau wollten, sondern einen Wagen mit speziellen Qualitäten. Die des Puma liegen in der Sportlichkeit bei einem Preis, der auch für Normalverdiener realistisch war. Der 1997 in den Markt eingeführte Puma war ein kleines Sportcoupé auf der Fahrgestellbasis des Fiesta. Er begab sich in direkte Konkurrenz zum Opel Tigra. Der Puma fiel besonders durch seine Keilform auf, vorne flach und hinten ein hochgezogenes Heck, geschmückt mit mandelförmigen Lichtern. Der frechfuturistische Auftritt passt zur Entstehungsgeschichte, war doch der Puma das erste von Ford komplett am Computer gestaltete Auto. Zwei verschiedene Motoren standen dem Interessenten zur Auswahl: ein 1,4-Liter-Reihenvierzylinder mit 90 PS und ein 1,7-Liter-Aggregat mit 125 PS. Letzteres schaffte eine Höchstgeschwindigkeit von 203 km/h und eine Beschleunigung von 0 auf 100 km/h in 9,2 Sekunden. Der Puma war zwar offiziell ein Viersitzer. Für längere Reisen lassen sich hinten aber höchstens Kinder unterbringen. Für Erwachsene war der Platz zu knapp bemessen. Aber der Puma war ja auch ein Nischenauto und keine Familienkutsche. Deshalb hatte er auch nur einen 235 Liter fassenden Kofferraum, der sich mit umgeklappter Rückenlehne immerhin auf 725 Liter vergrößern ließ. Die Serienausstattung unter anderem mit zwei Airbags, Anti-Blockier-System und einem elektrisch verstellbaren Fahrersitz ließ kaum noch Wünsche übrig, außer eventuell der Klimaanlage. Der Basispreis lag bei 31 490 DM.

Technische Daten	
Baureihe:	Ford
Modell:	Puma 1.7i 16V
Bauzeit:	1997 – 2002
Motor:	Ottomotor; Einspritzer
Ventile:	4, V-förmig hängend; zwei obenliegende Nockenwellen
ccm:	1679
B x H:	80 x 83,5 mm
Leistung:	125 PS (92 kW) bei 6300/min
Drehmoment:	157 Nm bei 4500/min
Antrieb:	Frontantrieb
Gemischaufb.:	Elektr. Einspritzung; Ford EEC-V
Getriebe:	5-Gang-Schaltgetriebe
Bremsen:	Scheiben v/Trommel h; ABS
Höchstgeschw.:	203 km/h
Leergewicht:	1040 kg
Reifen/Felgen:	195/50 R 15; 6.0J x 15
Radstand:	2445 mm
Spur v/h:	1450; 1410 mm
L x B x H:	3984 x 1674 x 1344 mm

Mercedes M-Klasse

Manche Autonamen haben eine kuriose Geschichte, bei der Mercedes M-Klasse (interne Bezeichnung: „W163") ist das zum Beispiel so: Ursprünglich sollte das Modell nur den Beinamen „M" tragen, doch diese Kennung hatte sich 1997, als der Wagen vorgestellt wurde, ja BMW längst für seine Sportmodelle gesichert. Bei Mercedes war das offenbar übersehen worden - schließlich einigte man sich darauf, das Mercedes das neue Modell eben „M-Klasse" nennen sollte, verkauft wurden die Modelle allerdings mit dem Kürzel „ML". Die M-Klasse war das erste „SUV" (Geländewägen mit Limousinenkomfort) von Mercedes, mehr noch: Die M-Klasse gilt als Mitbegründer dieses Fahrzeugsegments. Produziert wurde die M-Klasse in Tuscaloosa im US-Bundesstaat Alabama, allerdings kam es bei den anfangs gebauten Modellen zu ungewohnten Qualitätsmängeln, so dass der Vorteil der günstigen Produktionskosten zunächst wieder dahin war. Deshalb – und auch wegen der großen Nachfrage – wurde ein geringer Teil der Produktion ins österreichischen Steyr verlegt. Seinen ersten großen Auftritt hatte die M-Klasse im Kino: Ein in grünen Tarnfarben lackierter und mit allerlei Aufbauten versehener W163 fuhr 1997 in Steven Spielbergs „Jurassic Park II" über die Leinwände. Sein zweites öffentlichkeitswirksames Engagement bekam die M-Klasse dann 2002: Papst Johannes Paul II. fuhr beim Weltjugendtag erstmals im neuen Papamobil, einem umgebauten Mercedes W163. Das Papamobil ist auch heute noch im Einsatz, es ist mit einem 4,3-Liter-V8-Motor mit 279 PS ausgestattet. 2005 wurde die erste M-Klasse abgelöst durch seinen Nachfolger, die M-Klasse der zweiten Generation.

Technische Daten	
Baureihe:	W 163
Modell:	ML 230
Bauzeit:	1997 – 2000
Motor:	4-Zyl.-Reihe
Ventile:	ohc
ccm:	2295
B x H:	90,9 x 88,4 mm
Leistung:	150 PS (110 kW) bei 5400/min
Drehmoment:	220 Nm bei 3800/min
Antrieb:	Vorder- und Hinterräder (4-ETS)
Gemischaufb.:	Saugrohr-Einspritzung (HFM)
Getriebe:	Doppelquerlenkerachse; Gasdruckdämpfer; Torsionfederstäbe vorn; Schraubenfedern hinten
Bremsen:	Trommel v/h; Servo; ABS; ESP
Höchstgeschw.:	177 km/h
Leergewicht:	1855 kg
Reifen/Felgen:	225/75 HR 16; 6.5J x 16
Radstand:	2820 mm
L x B x H:	4587 x 2190 x 1820 mm

Mit dem Audi TT kehrte die Ingolstädter Autofirma gewissermaßen zurück zu ihren Anfängen: Der Audi-Konzern entstand im März 1969 durch den Zusammenschluss der NSU Motorenwerke AG und der Auto Union GmbH – schon bei NSU trugen die Sportwägen die Bezeichnung „TT“, für „Tradition“ und „Technik“. Der Audi TT kam 1998 auf den deutschen Automarkt, seine Entwicklung aber hatte bereits 1994 im kalifornischen Simi Valley begonnen. Nach erfolgreichen Präsentationen der Studien auf der Frankfurter IAA und der Tokio Motorshow rollte schließlich im Herbst 1998 das Coupé mit 1,8-Liter-Turbomotor und wahlweise 180 oder 225 PS vom Band, ein Jahr später folgte der TT Roadster, der aus der Designstudie „TTS“ hervorging. Die Motorisierung war, wie das bei einem Sportcoupé sein sollte, leistungsstark: Die 1,8-Liter-Bezinmotoren mit Turbolader erreichten zwischen 150 PS und 240 PS, der 3,2-Liter-Motor trieb das Fahrzeug gar mit 250 PS an. Allerdings erregte die erste Version des TT auch Aufsehen aus weitaus weniger schönem Grund: Nach dem Verkaufsstart kam es zu mehreren, teils tödlichen Unfällen, da das Fahrwerk mit seinem hoch liegenden, aber gefährlich schmalen Grenzbereich den Durchschnittsfahrer oft überforderte. Die Medienkritik damals war groß, so dass Audi jedem Eigentümer den Einbau eines stabilisierenden Heckspoilers anbot, von nun an die Stabilitätskontrolle ESP serienmäßig hinzunahm und eine ESP-Nachrüstung bei Selbstbeteiligung von 650 Euro anbot. Das Problem war damit behoben – und somit später der Weg frei für den Nachfolger: Im April 2006 wurde der TT der zweiten Generation vorgestellt.

Technische Daten	
Baureihe:	Audi TT
Modell:	TT Coupé 1.8 T
Bauzeit:	1998 – 2006
Motor:	4-Zylinder Ottomotor; dohc
Ventile:	hydraulische Tassenstößel
ccm:	1781
B x H:	81 X 86,4 mm
Leistung:	180 PS (132 kW) bei 5500/min
Drehmoment:	235 Nm bei 1950-5000/min
Antrieb:	Frontantrieb; ASR; EDS
Gemischaufb.:	Motronic ME 7.5
Getriebe:	5-Gang-Schaltgetriebe
Bremsen:	Diagonal-Zweikreis; ABS; EBV; Scheiben vorn, innenbelüftet; Scheiben hinten
Höchstgeschw.:	228 km/h
Leergewicht:	1240 kg
Reifen/Felgen:	205/55 R 16; 7J x 16
Radstand:	2422 mm
Spur v/h:	1528; 1513 mm
L x B x H:	4041 x 1764 x 1346 mm

Audi TT

BMW 318i

Die vierte Generation der 3er-Reihe wurde 1998 vorgestellt, und sie setzte neue Maßstäbe in Bezug auf Leistung und Laufkultur: Erstmals wurden die modernen direkteinspritzenden Dieselmotoren verbaut, bei denen der Kraftstoff direkt in den Brennraum eingespritzt wird; der Brennraum ist ungeteilt und hat keine Nebenkammern, wodurch geringere Wärmeverluste und somit ein geringerer spezifischer Verbrauch und ein höherer Wirkungsgrad entstehen. Die vierte 3er-Reihe trug intern die Bezeichnung E46, sie hatte insgesamt 17 verschiedene Motorisierungen, unter anderem die des 318i: 87 kW, 118 PS, von null auf hundert in 10,4 Sekunden, Spitzengeschwindigkeit 204 km/h. Der 3er war und ist ein leistungsstarker Kompaktwagen der Mittelklasse und deshalb äußerst beliebt – der E46 beispielsweise ist eines der meistverkauften Fahrzeuge der letzten zehn Jahre. Er wurde als Limousine, Coupé, Kombi („touring"), Cabrio und als Compact produziert und war ab ca. 21 000 Euro erhältlich. Als Nachfolger des E46 kam 2005 die fünfte und aktuelle Generation des 3er auf den Markt: der E90. Das Design wurde im Vergleich zum Vorgänger weniger radikal, sondern eher behutsam verändert. Dafür wurde der Umfang der Serienausstattung erweitert, unter anderem sind vier elektrische Fensterheber, ein Bordcomputer sowie das Elektronische Stabilitätsprogramm (ESP) nun Grundausstattung. Dazu kommt ein Sechsgang-Getriebe, das bei allen Modellen serienmäßig eingebaut ist. Dafür wurde auch der Preis teurer: Die aktuelle 3er-Generation von BMW beginnt bei 26 000 Euro. BMW rechtfertigt dies mit der besseren Grundausstattung – an der Beliebtheit der 3er-Reihe dürfte dies ohnehin wenig ändern.

Technische Daten	
Baureihe:	BMW
Modell:	318i
Bauzeit:	1998 –
Motor:	4-Zylinder-Reihe
Ventile:	2-Ventil-Technik
ccm:	1895
B x H:	83,5 x 85 mm
Leistung:	118 PS (87 kW) bei 5500/min
Drehmoment:	180 Nm bei 3900/min
Antrieb:	Hinterräder
Getriebe:	5-Gang-Schaltgetriebe
Höchstgeschw.:	206 km/h
Leergewicht:	1360 kg
Reifen/Felgen:	195/65 R 16 H; 6,5J x 15
Radstand:	2725 mm
L x B x H:	4471 x 1739 x 1415

Ford Focus

Am Anfang stand ein Rechtsstreit. Der Burda-Verlag, der das Fakten-Fakten-Fakten-Magazin „Focus" herausgibt, wollte verhindern, dass Ford seinen neuen Kompaktwagen auf den gleichen Namen tauft, sich sozusagen ein Stück vom Ruhm der Marke abzweigt. Doch die Widersacher fanden einen salomonischen Ausweg aus dem Konflikt. Ford zahlte eine Million DM an eine wohltätige Organisation und durfte fortan auch den Namen „Focus" verwenden. 1998 kam das Auto auf den Markt. Es hatte eine enorme Bedeutung für den Konzern. Der Vorgänger Escort – der noch bis 2000 parallel weiter produziert wurde – hatte in Deutschland das Imageproblem, als biederes Auto von gestern zu gelten. Er schaffte es nie, in der Zulassungsstatistik am VW Golf und dem Opel Kadett/Astra vorbeizuziehen. (Das sagt allerdings nicht über den weltweiten Erfolg aus: Der Escort verkaufte sich insgesamt über 20 Millionen Mal) Mit dem Focus nun wollte Ford die zementierte Rangfolge im Kompaktsegment durcheinander würfeln. Das Design fügte sich in das „New Edge"-Konzept, das bereits mit dem Ka vorweggenommen worden war. Zunächst waren ein Dreitürer und ein Fünftürer mit steilem Fließheck im Angebot. Der Kombi folgte 1999. Als Motoren standen vier verschiedene Benziner (75 bis 130 PS) und ein Diesel mit 90 PS zur Verfügung. Zudem hatte Ford dem Focus ein neu konstruiertes Fahrwerk eingepflanzt, das dem Modell souveräne Fahreigenschaften auch auf schwierigem Untergrund verlieh. Ansonsten aber hatten die Kostenmanager manche Innovation verhindert: Es gab keinen Common-Rail-Diesel, zudem arbeitete der Diesel nur mit einer Zwei-Ventiltechnik. Dem Erfolg tat das keinen Abbruch. Der Focus war in den Jahren 2000 und 2001 das weltweit am meisten verkaufte Auto. Und auch die seit 2004 eingeführten Modelle der zweiten Generation des Ford Focus finden ihre Käufer.

Technische Daten	
Baureihe:	Ford
Modell:	Focus 1.4 16V
Bauzeit:	1998 – 2004
Motor:	4-Zyl.-Reihe Ottomotor (Einspritzung) Zetec SE; LM-Block/Kopf
Ventile:	4; V-förmig; hängend; 2 obenliegende Nockenwellen
ccm:	1388
B x H:	76 x 76,5
Leistung:	75 PS (55 kW) bei 5000/min
Antrieb:	Frontantrieb
Gemischaufb.:	Elektronische Einspritzung; Ford EEC-V
Getriebe:	5-Gang
Bremsen:	Zweikreis-Hydraulik; Servo; vorn belüftet und hinten Scheiben; ABS
Höchstgeschw.:	171 km/h
Leergewicht:	1070 kg
Radstand:	2615 mm
Spur v/h:	1485; 1475 mm
L x B x H:	4178 x 1702 x 1481mm Kombi 4465 x 1702 x 1532 mm

Ford Cougar

Der Cougar ist ein Berglöwe, der sowohl in Kanada als auch in den Anden beheimatet ist. Das Tier war zugleich Namensgeber für ein Sportcoupé, das Ford 1998 in den Markt einführte. Es war als Nachfolger des in Deutschland nie wirklich etablierten Probe gedacht. Wie zuvor der Probe wurde auch der Cougar in Flat Rock, Michigan (USA) gefertigt, einem Werk, das Ford zusammen mit Mazda betrieb. Direkte Konkurrenten des Cougar waren der Peugeot 406 und der Volvo C70, Autos, deren Design aber deutlich mehr auf den europäischen Geschmack ausgerichtet war als der eher amerikanisch daherkommende Cougar. Das Fahrwerk des Cougar basierte auf dem des Mondeo. Durch die weiche Federung wirkte das Coupé weniger sportlich als komfortabel. Die Lenkung blieb von äußeren Einflüssen weitgehend unbeeindruckt. Zwei Motorvarianten bot Ford für den 4,7 Meter langen und 1,35 Meter niedrigen Cougar an, der neben den zwei vorderen noch zwei enge, für Erwachsene nur im Notfall taugliche Sitze hinten an Bord hatte: einen Reihenvierzylinder mit zwei Litern Hubraum, der 130 PS leistete und einen 2,5-Liter-Sechszylinder mit V-Technik und 170 PS. Letzterer beschleunigte in 8,3 Sekunden von 0 auf 100 km/h und schaffte eine Höchstgeschwindigkeit von 225 km/h. Autojournalisten kritisierten die triste Anmutung der Innenausstattung, die sich allein in verschiedenen Grautönen ergehe. Vom Grundkonzept her war der Cougar in der Tradition des legendären Ford Capri aus den siebziger Jahren zu sehen. Diese Fußstapfen waren jedoch zu groß. Der Cougar weckte keine vergleichbaren Emotionen und erreichte nie ähnliches Renommee. Schon 2002 wurde er wieder eingestellt.

Technische Daten	
Baureihe:	Ford
Modell:	Cougar 2.5 24V
Bauzeit:	1998 – 2002
Motor:	Ottomotor (Einspritzung) Duratec; LM-Block/Kopf; 6 (V 60°)
Ventile:	4; V-förmig; hängend; 2x2 obenliegende Nockenwellen
ccm:	2544
B x H:	82,4 x 79,5
Leistung:	170 PS (125 kW) bei 6250/min
Antrieb:	Frontantrieb
Gemischaufb.:	Elektronische Einspritzung; Ford EEC-V
Getriebe:	5-Gang
Bremsen:	Zweikreis-Hydraulik; Servo
Höchstgeschw.:	225 km/h
Leergewicht:	1390 (1415) kg
Reifen/Felgen:	215/50 R 16; 6.5J x 16 (LM)
Radstand:	2705 mm
Spur v/h:	1505; 1490 mm
L x B x H:	4700 x 1780 x 1340 mm

VW Lupo

Der Lupo wird vor allem unter einem Label in Erinnerung bleiben: das Drei-Liter-Auto. 1999 kam der Lupo 3L TDI auf den Markt, das erste serienmäßig hergestellte Auto, das sich mit einem Verbrauch von drei Litern Kraftstoff pro 100 Kilometer fahren ließ. Ausgangsbasis war der „normale" Lupo, den VW 1998 eingeführt hatte. Nachdem der Golf und der Polo sich über die Jahrzehnte in der Autoklassenhierarchie nach oben gearbeitet hatten, schloss VW mit dem Lupo die Lücke im Kleinstwagensegment. Der Stauraum in dem 3,50 Meter langen, nur als Dreitürer erhältlichen Auto war klein, wenn die Rückbank nicht umgeklappt war. Dafür war die Auswahl an Motoren reichhaltig. Vier Benzinmotoren zwischen 50 und 125 PS und drei Diesel zwischen 60 und 75 PS waren im Angebot. Das größte Aufsehen erregte aber besagtes Drei-Liter-Modell. Um diese Grenze zu unterbieten, steckten die VW-Ingenieure modernstes Know-how in das kleine Auto. Der Motor wurde durch Bauteile aus Aluminium und Magnesium leichter gemacht. Auch Motorhaube und Türen bestanden aus Aluminium. Zudem wurde ein spezielles automatisches Getriebe entwickelt, das durch besonders frühes Hochschalten und dadurch niedrige Drehzahlen Diesel sparte. Diese und viele andere Details trieben die Kosten für den Wagen in die Höhe. Der Anschaffungspreis von 26 500 DM ließ sich nicht allein durch die Spritersparnis amortisieren. Der Drei-Liter-Lupo war also eine Investition für das gute Gewissen – eine Investition, die zu wenige Kunden tätigten. Nach der Einstellung der anderen ebenfalls mäßig erfolgreichen Lupo-Modelle 2004 wurde die Drei-Liter-Version zwar zunächst weitergebaut. Doch im Frühsommer 2005 war auch damit Schluss.

Technische Daten	
Baureihe:	VW Lupo
Modell:	Limousine; 1,0 Liter; zweitürig
Bauzeit:	1998 – 2004
Motor:	4-Zyl.Reihe; wassergekühlt
Ventile:	ohc
ccm:	998
B x H:	67,1 x 70,6 mm
Leistung:	50 PS (37 kW) bei 5000/min
Antrieb:	Vorderräder
Gemischaufb.:	Einspritzung
Getriebe:	5V
Bremsen:	Scheiben v/ Trommel h
Höchstgeschw.:	152 km/h
Leergewicht:	893 kg
Reifen/Felgen:	155/65 R 13
Radstand:	2323 mm
L x B x H:	3527 x 1639 x 1460 mm

VW New Beetle

Wohl selten in der Geschichte des Volkswagen-Konzerns waren die Reaktionen auf eine Studie so positiv wie beim „Concept 1", der 1994 vorgestellt wurde. Es war ein extravagant designtes Auto, das mit der Buckelform die Sehnsucht der Menschen nach dem unvergessenen Käfer bediente. Auch aufgrund des positiven Echos entschloss sich VW, den „Concept 1" zur Serienreife zu bringen. Im März 1998 schließlich wurde der New Beetle, der neue Käfer, vorgestellt. Technisch war der New Beetle auf dem neuesten Stand der Technik. Er basierte auf der gleichen Plattform wie der Golf IV und der A4. Dafür übernahmen die Innenraumdesigner des New Beetle einige Details aus dem Käfer, etwa die kleine Blumenvase am Armaturenbrett oder die Halteschlaufen. 2003 stellte VW das New Beetle Cabrio vor. Auch hier bemühte man sich, Elemente aus dem legendären Käfer Cabrio in die heutige Zeit hinüberzuretten, etwa die Persenning, die das zurückgeklappte Dach, das hinten auf der Karosserie ruht, vor Regen schützt. VW brachte den New Beetle mit zwei aus dem Golf bekannten Motoren auf den Markt, einem 1,9-Liter-Turbodiesel mit 90 PS und einem 2,0-Liter-Benziner, der es schon auf 115 PS brachte. Später kamen ein kleinerer 1,4-Liter-Benziner mit 75 PS und an der Spitze eine 150-PS-Maschine hinzu. Mit dem gelungenen New Beetle setzte sich VW an die Spitze des Retro-Designtrends im Autobau. Zwar wurde der New Beetle nicht zu so einem Massenerfolg wie der Käfer. Der Vergleich wäre angesichts der ungleich größeren Konkurrenz ohnehin unzulässig. Ein Nachfolgemodell des New Beetle soll es nicht geben. VW will ihn so lang bauen, wie die Nachfrage ausreicht.

Technische Daten	
Baureihe:	VW New Beetle
Modell:	Limousine; zweitürig
Bauzeit:	ab 1998
Motor:	4-Zyl.-Reihe; wassergekühlt
Ventile:	ohc
ccm:	1984
B x H:	82,5 x 92,8 mm
Leistung:	115 PS (85 kW) bei 5400/min
Antrieb:	Vorderräder
Gemischaufb.:	Multipoint-Einspritzung
Getriebe:	5V oder Automatik
Bremsen:	Scheiben v/h
Höchstgeschw.:	175 km/h
Leergewicht:	1242 kg
Reifen/Felgen:	205/55 HR 16
Radstand:	2513 mm
L x B x H:	4081 x 1724 x 1498 mm

Smart MC 01

Es passt zum Smart, dass die Idee für seine Entstehung ausgerechnet von Nicolas G. Hayek kommt, dem Gründer der Swatch-Gruppe – des Herstellers flippiger Uhren also. Denn der Smart war genau wie die Uhren: klein, bunt und pfiffig. 1994 wurde die Firma als „Micro Compact Car GmbH" als Tochter von Daimler-Benz gegründet, doch Hayek verkaufte alle seine Anteile am 1. November 1998 an Daimler-Benz, weil er sich an den steigenden Entwicklungskosten des ersten Smarts nicht mehr beteiligen wollte, und weil sich Daimler-Benz weigerte, Techniken (z. B. Elektromotoren direkt an den Rädern) für ein spritsparendes Auto einzubauen, die ja eigentlich den Sinn dieses Autos ausmachten. Seit dem 1. Oktober 2006 ist die Firma vollständig in die DaimlerChrysler-Organisation integriert. Sein erstes Modell stellte Smart 1998 vor: Den Smart Fortwo, der bis Anfang 2004 auch als City-Coupé bezeichnet wurde. In der Diesel-Ausführung war der Smart Fortwo das umweltfreundlichste Fahrzeug überhaupt, mit 90 Gramm CO2-Ausstoß pro Kilometer, gefolgt vom VW Polo BlueMotion (102 Gramm) und dem Toyota Prius (104 Gramm). Haupt-Verkaufsargument des heckangetriebenen Fahrzeugs aber war natürlich die Größe: Er war 2,5 Meter lang, 1,51 Meter breit und 1,52 Meter hoch. Sein Dreizylinder-Motor leistete immerhin bis zu 61 PS und brachte es damit auf eine Höchstgeschwindigkeit von 135 km/h. Später folgten dem Fortwo weitere Modelle, wie der Smart Roadster, das Roadster Coupé oder auch der Forfour. Bei den „Technischen Daten" handelt es sich um die erste Version des Smart, die bis 2003 gebaut wurde. Seit März 2007 ist das Nachfolgemodell verfügbar, bei dem nahezu die gesamte Technik (90 % der Teile sind neu) überarbeitet wurde.

Technische Daten	
Baureihe:	Smart
Modell:	MC 01
Bauzeit:	1998 – 2003
Motor:	Dieselmotor (Direkteinspritzer); OM 668; LM-Block/Kopf
Ventile:	2, parallel hängend; 1 obenliegende Nockenwelle
ccm:	799
B x H:	65,5 x 79 mm
Leistung:	41 PS (30 kW) bei 4200/min
Drehmoment:	100 Nm bei 1800/min
Antrieb:	Heckantrieb
Gemischaufb.:	Digitale Diesel-Elektronic; Bosch DDE 2.1
Getriebe:	6-Gang (sequentiell Softtouch-Automatik)
Bremsen:	Zweikreis-Hydraulik; Servo Scheiben v/Trommeln h
Höchstgeschw.:	135 km/h
Leergewicht:	730 kg
Reifen/Felgen:	135/70 R; 3.5J x 15
Radstand:	1812 mm
Spur v/h:	1286; 1354 mm
L x B x H:	2500 x 1515 x 1549 mm

Mit dem A2 knüpfte Audi an den A8 an – nicht, was das Modell an sich betraf, schließlich war der A8 ein Oberklassemodell, der A2 dagegen ein Minivan, sondern im Bezug auf die Karosserie: Nach dem A8 war der A2 das zweite in Großserie produzierte Auto mit kompletter Aluminiumkarosserie. Audi nennt diese Art der Karosserie „Audi Space Frame", sie ist nicht nur deutlich leichter, sondern bietet durch höhere Steifigkeit mehr Sicherheit und ist zudem rostfrei. Für Audi war der A2, der von 1999 bis 2005 im Werk Neckarsulm produziert wurde, ein Technologieträger, wurden doch sowohl bei der Konstruktion, als auch bei der Produktion neue Technologien und Konzepte erstmals in einer Großserie umgesetzt. Doch das hatte auch seinen Preis: Die Prototypen-artige Form mit verkürzter Motorhaube und erhöhtem Dach, bei der stark auf geringen Luftwiderstand geachtet wurde, kam bei den Kunden nicht besonders gut an, oftmals wurden die „verschobenen Proportionen" bemängelt. Dabei heimste der A2 mehrere erste Plätze in den Statistiken ein: Der ADAC führte den A2 in seiner Pannenstatistik vier Jahre lang, von 2003 bis 2006, durchgehend auf Platz eins, und der TÜV notierte den A2 auf dem selben Rang seiner Mängelstatistik des Jahres 2004. Am Markt aber kam der A2 dennoch nicht so recht in Schwung. Insgesamt liefen nur rund 175 000 Exemplare vom Band, was zum einen auf Marketingfehler, zum anderen aber vor allem auf den hohen Preis zurückzuführen ist. Dafür war der A2 nicht nur statistisch spitze, sondern wurde auch noch ein echter Preisträger: 2002 erhielt der A2 den Designpreis der Bundesrepublik Deutschland.

Technische Daten	
Baureihe:	Audi
Modell:	A2 1.4
Bauzeit:	1999 – 2005
Motor:	4-Zyl.-Reihe
Ventile:	hängende Ventile, zwei obenliegende Nockenwellen
ccm:	1390
B x H:	76,5 x 75,6 mm
Leistung:	75 PS (55 kW) bei 5000/min
Drehmoment:	126 Nm bei 3800/min
Antrieb:	Frontantrieb
Gemischaufb.:	Einspritzung; Multipoint
Getriebe:	5-Gang-Schaltgetriebe
Bremsen:	Scheiben v; innenbelüftet; Trommel h
Höchstgeschw.:	173 km/h
Leergewicht:	895 kg
Reifen/Felgen:	175/60 R 15 H
Radstand:	2405 mm
Spur v/h:	1462; 1462 mm
L x B x H:	3826 x 1673 x 1553 mm

Audi A2

BMW Z8

Von James Bond weiß man, dass er alle seine Autos zu Schrott fährt, und beim Z8 war das natürlich nicht anders: In „Die Welt ist nicht genug" sieht Pierce Brosnan als 007 seelenruhig zu, wie der Z8 von einer Art überdimensionalen Kreissäge in der Mitte zerteilt wird wie eine Käsetorte. Dabei ist der Z8 für viele wie ein zu behütender Diamant, eine Art Traum auf vier Rädern: 4,40 Meter lang, 1,83 Meter breit, 1,31 Meter hoch und 1660 Kilo schwer, dazu ein V8-Motor mit 400 PS, von null auf hundert in 4,8 Sekunden und damit halb so schnell wie ein Formel-1-Wagen. Das Design erinnert an den legendären BMW 507: die Kiemen an den Seiten, die barocken Heckrundungen, die protzigen Radkästen, die lange Motorhaube. Der Z8 war für BMW ein reines Imageprodukt – der Kaufpreis lag bei der Erscheinung im März 2000 zwar bei 120 000 Euro, die Kosten jedoch konnten damit nicht gedeckt werden. Schließlich durften sich die Ingenieure beim Z8 austoben, weshalb er mit vielen technischen Spielereien ausgestattet war. Natürlich war er nur in Vollausstattung zu haben: mit Hardtop, Hardtopständer, Geburtsbuch und 1:18-Modell von Kyosho in der bestellten Farbkombination. Obwohl als Sportwagen konzipiert, vermittelte der Z8 mit seiner Komfort-Ausstattung - Servounterstützung, allerlei Elektromotoren, CD-Spieler, Telefonanschluss, dynamische Stabilitätskontrolle und feinste Lederausstattung im Innenraum – allerdings eher Sportlichkeit in bequemem Umfeld. Der Fahrer war schließlich nicht selten Millionär. Bis Juli 2003 wurde der Z8 genau 5700 Mal gebaut, BMW gibt aber 50 Jahre Nachkaufgarantie für Ersatzteile – wenn man mit dem Wagen anders umgeht als James Bond.

Technische Daten	
Baureihe:	BMW Z8 E52
Modell:	5 Liter Roadster
Bauzeit:	1999 – 2003
Motor:	V8, wassergekühlt
Ventilsteuerung:	4 ohc, Vierventiler
ccm:	4941
B x H:	94 x 89 mm
Leistung:	400 PS/6600
Drehmoment:	500 Nm/3800
Gemischaufb.:	Einspr. BMW MSS 52
Getriebe:	6 Gang DSC
Bremsen:	Scheiben v/h, ABS, CBC
Höchstgeschw.:	250 km/h
Leergewicht:	1615 kg
Reifen/Felgen:	275/40 ZZR 18
Radstand:	2505 mm
Spur v/h:	1250/1270 mm
L x B x H:	4400 x 1830 x 1320 mm

BMW X5

Zeit, ein Missverständnis auszuräumen: Der BMW X5 ist kein Geländewagen. Auch wenn es in der Werbung so aussieht: Fahrten durch den Schlamm, durch Flüsse oder über steile Anstiege sind nichts für den X5 – für Fahrten abseits der Straße fehlen ihm eine Getriebeuntersetzung, sperrbare Differenziale und eine ausreichende Verschränkung der Hinterachse. Was der X5 aber schon ist: Ein geräumiger, eleganter Wagen, der aussieht wie ein Geländefahrzeug und seinem Fahrer damit auch auf Asphalt das für Geländewägen typische Gefühl von Freiheit vermitteln kann. Er wurde 1999 vorgestellt und war der erste BMW dieser Art. Er wird der Klasse der „Sports Utility Vehicles" (SUV) zugeordnet, also jener Autos, die einen ähnlichen Fahrkomfort wie Limousinen aufweisen, allerdings eine erhöhte Geländegängigkeit besitzen und optisch an Geländefahrzeuge angelehnt sind. Wie die meisten anderen „SUVs", so verfügt auch der BMW X5 über Allradantrieb, einen äußerst geräumigen Kofferraum und einen leistungsstarken Motor - der 4,4i beispielsweise hat einen Achtzylinder-Motor mit 320 PS. Allerdings ist der Preis dementsprechend: Mit einigen wenigen Extras ist die Grenze von 80 000 Euro mühelos überschritten. Dafür ist der X5 im Innenraum hochqualitativ verarbeitet und bietet selbst fünf Personen komfortabel viel Platz. Er ist als Benzin- und Dieselversion erhältlich – letztere dürfte bei einem Benzinverbrauch von durchschnittlich bis zu 16 Litern auch durchaus vernünftig sein. Andererseits: Für Vernünftige hat BMW den X5 nicht gebaut. Eher für besser Verdienende, die gerne mit erhöhtem Überblick und dem Gefühl der Souveränität durch den Straßenverkehr gleiten.

Technische Daten	
Baureihe:	BMW X5 E53
Modell:	3.0i SAV; 5-türig
Bauzeit:	1999 – 2004
Motor:	6-Zyl.-Reihe; wassergekühlt
ccm:	2979
B x H:	84 x 89,6 mm
Leistung:	231 PS bei 5900/min
Drehmoment:	300,5 Nm bei 3500/min
Gemischaufb.:	Einspritzer Siemens
Getriebe:	6V, 1R oder Automatik; Allradantrieb
Bremsen:	Scheiben v/h; ABS
Höchstgeschw.:	202 km/h
Leergewicht:	1990 kg
Reifen/Felgen:	225/65 HR 17
Radstand:	2820 mm
Spur v/h:	1576; 1576 mm
L x B x H:	4667 x 1872 x 1715 mm

Opel Speedster

Dass der Speedster kein Verkaufsschlager werden würde, war eigentlich von Anfang an klar: Opel plante ursprünglich lediglich den Bau von 10 000 Fahrzeugen. Dann aber blieb die Nachfrage sogar noch hinter diesen Erwartungen zurück, so dass die Produktion am 21. Juli 2005 nach 7989 gebauten Exemplaren eingestellt wurde. Dabei schien der Speedster bei seiner Vorstellung im Jahr 2000 durchaus vielversprechend: Basierend auf dem Lotus Elise war der Speedster alles andere als ein typischer Opel. Er war nur 111,7 Zentimeter hoch, und er erlaubte einen rasanten Fahrstil: Heckantrieb, vier-Zylinder-Motor mit 147 PS, von null auf hundert in 5,9 Sekunden. Doch er hatte auch eine spartanische Innenausstattung, ein Stoffdach, das den Ruf hatte, nicht immer dicht zu sein, einen Airbag nur für den Fahrer und ABS als einziges elektronisches Hilfsmittel – auf Traktionskontrolle und Servolenkung wurde verzichtet. Das Fahrwerk, das bisweilen schwer zu kontrollieren war, wurde 2003 verbessert, zudem wurde der Innenraum mit Lederüberzug aufgewertet. Opel, das mit einem neuen Produktkonzept unter dem Schlagwort „Emotionalisierung“ nach der Jahrtausendwende in der Zulassungsstatistik den zweiten Rang zurückeroberte, bezeichnete den Speedster als „reinrassige Fahrmaschine“ und setzte konsequent ausschließlich Kunststoffe bei der Konstruktion ein, um Gewicht zu sparen. 2003 untermauerte der ECO Speedster die sportlichen Ambitionen des Speedster, indem er auf dem Testgelände in Rüsselsheim 17 Europarekorde aufstellte. So gesehen war der zahlenmäßig eher schlechte Verkauf des Speedster für Opel kein Problem: Er war und ist ein Nischenprodukt fürs Image.

Technische Daten	
Baureihe:	Opel Speedster
Modell:	2,2 16V Sportzweisitzer
Bauzeit:	2000 – 2005
Motor:	4 Zyl.-Mittelmotor, wassergekühlt
Ventile:	2 ohc Vierventiler
ccm:	2198
B x H:	86 x 94,6 mm
Leistung:	147 PS (108 kW)/5800;
Antrieb:	Hinterräder
Gemischaufb.:	Einspritzung
Getriebe:	5V + R
Bremsen:	Scheiben v/h; ABS
Höchstgeschw.:	220 km/h
Leergewicht:	850 kg
Reifen/Felgen:	175/55; 225/45 R 17
Radstand:	2330 mm
Spur v/h:	1450/1488 mm
L x B x H:	3790 x 1711 x 1112

Audi RS4

Dass der RS4 ein Fahrzeug der hohen Geschwindigkeiten war und ist, macht schon die Entwicklungsgeschichte deutlich: Er war in Zusammenarbeit mit Porsche entstanden. Im Jahr 2000 wurde die erste Version des RS4 als Nachfolger des RS2 präsentiert, er war damals nur als Kombi („Avant") verfügbar und basierte auf dem A4. Der RS4 war ausschließlich in Europa erhältlich und zählte zu den Autos der oberen Preiskategorie: Er kostete 127 000 DM – als Basispreis. Dafür war er äußerst leistungsstark: Der Motor - eine modifizierte Version des 2,7-Liter-V6-Motors des S4, bei der unter anderem vergrößerte Turbolader und Ladeluftkühler, überarbeitete Zylinderköpfe und ein verbessertes Motormanagement verwendet wurden - trieb den Wagen mit 380 PS an. Wenngleich er mit 1620 Kilogramm ein eher schweres Fahrzeug war, beschleunigte der starke Motor den RS4 wie einen Sportwagen: von null auf hundert in 4,9 Sekunden. Im Jahr 2001 endete die Produktion der ersten Version, nachdem 6030 Exemplare verkauft worden waren, und damit mehr als erwartet. 2005 folgte die zweite Auflage des RS4, in den drei Karosserievarianten Limousine, Avant und Cabrio. Und mit neuem 4,2-Liter-V8-Motor, der natürlich an Leistung seinem Vorgänger in nichts nachstand: Die Limousine beschleunigte von null auf hundert in 4,8 Sekunden, der Avant und das Cabrio in 4,9 Sekunden, alle drei schafften die abgeregelte Höchstgeschwindigkeit von 250 km/h. Allerdings ist auch der neue RS4 kein billiges Vergnügen: Der Basispreis für die Limousine liegt bei 70 000 Euro, bei 71 500 Euro für den Avant und bei 83 000 Euro für das Cabrio. Leistung kostet eben, das war schon immer so.

Technische Daten	
Baureihe:	Audi
Modell:	RS4
Bauzeit:	ab 2000
Motor:	Wassergekühlter V6 Bi-Turbo mit Leichtmetall-Zylinderkopf
Ventile:	dohc - 5 Ventile/Zylinder
ccm:	2671
B x H:	81 x 86,4 mm
Leistung:	380 PS (280 kW) bei 6100-7000/min
Drehmoment:	440 Nm bei 2.500-6.000/min
Antrieb:	Permanenter Allradantrieb
Gemischaufb.:	Einspritzung; Multipoint
Getriebe:	5-Gang-Schaltgetriebe
Bremsen:	Zweikreis-Bremssystem mit innenbelüfteten Scheiben v/h, ABS; EBV
Höchstgeschw.:	250 km/h
Leergewicht:	1620 kg
Reifen/Felgen:	255/35 ZR 18; 8,5 J x 18
Radstand:	2670 mm
L x B x H:	4525 x 1799 x 2670 mm

Mercedes SL 500

Der Mercedes-Benz R230 kam aus einer Familie, die Geschwindigkeit versprach: Die SL-Klasse war bereits in den 50er Jahren auf den Rennstrecken Europas erfolgreich. Er wurde 2001 vorgestellt und wird bis heute im DaimlerChrysler-Werk in Bremen produziert. Als Besonderheit erhielt er das so genannte „ABC"-Fahrwerk: „ABC" steht für „Active Body Control", das Fahrwerk beruht auf einer Stahlfeder, auf Basis von Sensorsignalen und mit Hilfe spezieller Hydraulikzylinder an den Achsen werden Wank- und Nickbewegungen der Karosserie beim Anfahren, bei Kurvenfahrt und beim Bremsen fast vollständig kompensiert. Wie das bei einem Sportwagen sein sollte, ist der Mercedes SL natürlich auch als Cabrio benutzbar: Das feste Dach kann bei Bedarf samt gläserner Heckscheibe elektrohydraulisch in den Bereich des Kofferraumes versenkt werden. Das auffälligste Teil beim aktuellen SL von Mercedes ist allerdings der Motor: Der V8-Motor des SL 500 etwa beschleunigt den Wagen mit 388 PS von null auf hundert in 6,2 Sekunden – der SL 65 AMG, mit einem V12-Motor das leistungsstärkste Modell dieser Klasse, schafft dies mit 612 PS gar in 4,2 Sekunden. Es passt, dass beim Facelift 2005 darüber diskutiert wurde, ob der SL eine „Formel-1-Nase" erhalten sollte, die auch schon beim SLR McLaren und dem SLK verwendet wurde. Potenzielle Kunden lehnten dies jedoch ab, so dass lediglich die Frontschürze, der Kühlergrill und das Rückleuchten-Design geändert wurden. Außerdem wurden die Motoren noch stärker, durchschnittlich um etwa zehn Prozent. Nur nicht der Motor des SL 65 AMG – doch das macht nichts: Der ist ja ohnehin der weltweit stärkste Serien-Roadster seiner Zeit.

Technische Daten	
Baureihe:	R 230
Modell:	SL 500 Roadster
Bauzeit:	ab 2001
Motor:	8 Zylinder (V 90 Grad)
Ventile:	ohc
ccm:	4966
B x H:	97,0 x 84,0 mm
Leistung:	306 PS (225 kW) bei 5600/min
Drehmoment:	460 Nm bei 2700/min
Gemischaufb.:	Saugrohr-Einspritzung
Getriebe:	5V-Automatik
Antrieb:	auf Hinterräder
Fahrwerk:	Vierlenkerachse vorn; Raumlenkerachse hinten
Bremsen:	Scheiben v/h (SBC); Servo; ABS; ESP
Höchstgeschw.:	250 km/h
Leergewicht:	1770 kg
Reifen/Felgen:	8.5 J x 17 / 255/45 ZR 17
Radstand:	2560 mm
L x B x H:	4535 x 1815 x 1298 mm;

BMW 745i

Als BMW 2001 die vierte Generation seiner 7er-Reihe vorstellte, gab es einige Neuigkeiten und Innovationen zu präsentieren: Der neue 7er fuhr als weltweit erster Pkw mit einem serienmäßigen Sechsgang-Getriebe, das sich mit einem Schalthebel am Lenkrad bedienen ließ. Zudem wurde das Bediensystem „iDrive" eingeführt – ein großes LC-Display am Armaturenbrett und ein Steuerknopf („Controller") in der Mittelkonsole, mit dem alles gesteuert werden kann: Navigations-, Telekommunikations-, Audio- und Fahrwerkseinstellungen. Durch „iDrive" sollte sich die Anzahl der Bedienknöpfe und Regler stark reduzieren. Allerdings gab es anfangs starke Kritik von Benutzern, die Bedienung sei zu unübersichtlich, so dass das System im Oktober 2003 modifiziert wurde (unter anderem wurde eine Menü-Taste hinzugefügt). Bei Verkaufsstart des vierten 7ers waren zunächst nur die Modelle 735i und 745i erhältlich, im April 2002 folgten die Langversionen 735Li und 745Li und kurz darauf die Dieselvarianten 730d und 740d. Im Frühjahr 2003 erweiterten der 730i und der 760i die Motorenpalette nach oben und nach unten, und seit Ende 2005 schließlich wird der 750i produziert. Zudem wurde als Versuchsmodell ein 7er mit Wasserstoffantrieb gebaut. Die leistungsstärksten 7er waren der 760i (445 PS) und der 750i (367 PS), die Höchstgeschwindigkeit der 7er-Spitzenmodelle ist auf 250 km/h begrenzt. Im April 2005 erhielt die vierte 7er-Generation eine Modellpflege: Das Design wurde verändert, die gesamte Front war jetzt runder, überhaupt erhielt der 7er ein nahezu neues Erscheinungsbild. Das muss nun reichen bis 2008: Dann ist die nächste 7er-Reihe geplant.

Technische Daten	
Baureihe:	BMW 7er-Reihe E65
Modell:	745i; 4,4 Liter; 4-tür. Limousine
Bauzeit:	ab 2001
Motor:	V8; wassergekühlt
Ventile:	4 ohc; Vierventiler; Vanos
ccm:	4398
B x H:	92 x 82,7 mm
Leistung:	333 PS bei 6100/min
Drehmoment:	450 Nm bei 3600/min
Gemischaufb.:	Bosch Motronic
Getriebe:	Automatik
Bremsen:	Scheiben v/h; ABS
Höchstgeschw.:	250 km/h
Leergewicht:	1860 kg
Reifen/Felgen:	245/55 WR 17
Radstand:	2990 mm
Spur v/h:	1580; 1580 mm
L x B x H:	3030 x 1900 x 1490 mm

Ford Fusion

Böswillig formuliert könnte man den Ford Fusion als aufgeblähten Fiesta bezeichnen. Zwar auf der gleichen Plattform entstanden, ist der 2002 vorgestellte Fusion aber in den Maßen und im Innenraumvolumen größer als der Kompaktwagen, in der Länge um zehn, in der Breite um vier Zentimeter. Mit dem neuen Auto wollten die Ford-Ingenieure die Charakteristika dreier verschiedener Gattungen unter einen Hut bekommen: die Vorteile eines Kleinwagens, das Platzangebot eines Van – und noch dazu eine Prise Geländegängigkeit. Dass vor allem letzteres eher halbherzig umgesetzt wurde, zeigt sich daran, dass der Fusion zwar eine etwas erhöhte Straßenlage hat, aber nicht einmal Allradantrieb im Angebot war. Damit scheiden selbst mittelambitionierte Touren ins Gelände aus. Die große Stärke des Fusion ist das Platzangebot. Die großen Türen machen schon den Einstieg komfortabel. Drinnen angekommen kann sich niemand über mangelnden Raum für Kopf oder Beine beschweren. Für seine Klasse hat der Fusion ein gutes Kofferraumvolumen. Normalerweise beträgt es 337 Liter, es lässt sich aber durch Umklappen der Rückbank auf 1175 Liter vergrößern. Für den Antrieb standen am Anfang drei Motoren zur Wahl: zwei Benziner mit 80 bzw. 100 PS, zudem ein Common-Rail-Diesel mit 68 PS, die für zumindest befriedigende Fahrleistungen sorgen. Der Fusion hat sich in den wenigen Jahren seiner Existenz zum Gehimtipp unter Gebrauchtwagenkäufern entwickelt. Der TÜV lobt das wenig mängelanfällige und gut verarbeitete Auto. Von Kritikern aufgegriffen wurden hingegen die kleinen Digitalanzeigen für Tankinhalt und Kühlwassertemperatur, die oft schlecht zu lesen seien, und das wenig hochwertig wirkende Plastik des Armaturenbretts.

Technische Daten	
Baureihe:	Ford
Modell:	Fusion 1.4 Ambiente
Bauzeit:	ab 2002
Motor:	4-Zyl.-Reihe
Ventile:	hängende Ventile; zwei obenliegende Nockenwellen
ccm:	1388
B x H:	76,0 x 76,5 mm
Leistung:	80 PS (59 kW) bei 5700/min
Drehmoment:	124 Nm bei 3500/min
Antrieb:	Frontantrieb
Gemischaufb.:	Einspritzung; Multipoint
Getriebe:	6-Gang-Schaltgetriebe
Bremsen:	Scheiben v, innenbelüftet; Trommel h
Höchstgeschw.:	163 km/h
Leergewicht:	1145 kg
Reifen/Felgen:	195/60 R 15 H
Radstand:	2486 mm
Spur v/h:	1474; 1434 mm
L x B x H:	4018 x 1720 x 1498 mm

Porsche Cayenne

Schon früher kooperierten Porsche und VW beim Autobau, und beim Cayenne wurde diese Zusammenarbeit nach mehreren Jahrzehnten wiederbelebt. Der Cayenne, das erste SUV von Porsche, teilte sich die Plattform mit dem VW Touareg, was die Produktions- und Entwicklungskosten für beide Firmen deutlich reduzierte. Als fertiges Fahrzeug aber unterscheiden sich beide dann doch relativ deutlich voneinander: Der Cayenne war, als er im Dezember 2002 auf den deutschen Markt kam, das schnellste und stärkste in Serie gefertigte SUV, mit einer Leistung von 521 PS und einer Höchstgeschwindigkeit von 270 km/h. Er verfügt über eine gute Geländetauglichkeit, hat allerdings einen Nachteil: den extrem hohen Kraftstoffverbrauch. Offiziell wurde der Cayenne von Porsche mit einem Durchschnittsverbrauch von 15,7 Litern angegeben – doch in Tests kam der Wagen auf 26,3 Liter, und die Zeitschrift „Auto Bild" fand im Mai 2006 gar heraus, dass der Cayenne bei Vollgas, also Tempo 270, sagenhafte 66,7 Liter Kraftstoff benötigt. Doch es war schließlich von Anfang an klar, dass der Porsche Cayenne nichts für den kleinen Geldbeutel sein würde: In der Turboversion kostete er im Grundpreis 99 000 Euro. Porsche-Kunden waren und sind dennoch begeistert vom Cayenne, was auch an seinem eleganten Design liegt. Die Süddeutsche Zeitung bezeichnete den Cayenne als „Geländewagen nach Gutsherrenart", und verlieh ihm die „Tapferkeitsmedaille in Gold für unbeirrbare Richtungsstabilität und für die groß dimensionierte Bremsanlage". Im Geschäftsjahr 2003/2004 war der Cayenne mit 39 900 verkauften Einheiten das beliebteste Porsche-Modell, weshalb das Ende der Produktion auch 2007 nicht abzusehen ist.

Technische Daten	
Baureihe:	Porsche
Modell:	Cayenne Turbo S
Bauzeit:	ab 2002
Motor:	8-Zylinder
Ventile:	hängende Ventile; zwei obenliegende Nockenwellen
ccm:	4511
B x H:	82 x 87 mm
Leistung:	521 PS (383 kW) bei 5500/min
Drehmoment:	720 Nm bei 2750/min
Antrieb:	Permanenter Allradantrieb
Gemischaufb.:	Einspritzung; Multipoint
Getriebe:	Automatik
Bremsen:	innenbelüftete Scheiben v/h
Höchstgeschw.:	270 km/h
Leergewicht:	2355 kg
Reifen/Felgen:	275/40 R 20
Radstand:	2855 mm
Spur v/h:	1641; 1656 mm
L x B x H:	4786 x 1928 x 1699 mm

VW Touareg

Volkswagen bewirbt seinen Geländewagen Touareg mit einem Aufsehen erregenden Filmspot. Zu sehen ist, wie der Wagen vor eine Boeing 747 gekoppelt wird und dann den 155 Tonnen schweren Jumbo gemächlich, aber souverän über die Startbahn zieht. „Wetten Sie niemals mit einem Touareg Fahrer" wird als Schlusspointe eingeblendet. Die Botschaft ist klar: Dem Zuschauer soll ein Eindruck von der vermeintlich unbändigen Kraft des SUV (Sports Utility Vehicle, wie Autos dieser Klasse genannt werden, die Geländegängigkeit und hohen Fahrkomfort verbinden) vermittelt werden. Der Touareg kam 2002 auf den Markt. VW hatte ihn in Zusammenarbeit mit Porsche entwickelt. Die Zuffenhausener bauen auf der gleichen Plattform den Cayenne. Der dritte Bruder im Bunde ist der Audi Q7. Der Touareg ist Teil der Kampagne, mit der VW versucht, das eigene Image aufzumöbeln und sich auch als Marke für Luxusautos zu positionieren. Der Käufer kann sich zwischen insgesamt fünf Motoren entscheiden: zwei Benzinern, einem Sechszylinder mit 3,6 Liter Hubraum und 280 PS und einem 4,2-Liter-Achtzylinder mit 350 PS. Der Zwölfzylinder wurde wieder aus dem Programm genommen. Hinzu kommen drei Diesel, die 174 bzw. 225 oder 313 PS leisten. Die günstigste Version des Touareg kostet schon über 42 000 Euro. Wer solche Summen investiert, bekommt ein Auto, das nach Meinung der Tester durchaus auf Augenhöhe mit den Konkurrenten der etablierten Marken Mercedes und BMW unterwegs ist. Der bei Autos dieser Klasse trotz allen Komforts nicht zu vernachlässigende Nutzwert manifestiert sich weniger in der aufwändigen, aber höchst selten genutzten Offroad-Technik als etwa im Stauraum, der sich von 555 bis auf 1500 Liter ausdehnen lässt.

Technische Daten	
Baureihe:	VW
Modell:	Touareg 4.2 V8
Bauzeit:	ab 2002
Motor:	V8
Ventile:	hängende Ventile; zwei obenliegende Nockenwellen
ccm:	4163
B x H:	84,5 x 92,8 mm
Leistung:	350 PS (257 kW) bei 6800/min
Drehmoment:	440 Nm bei 3500/min
Antrieb:	Permanenter Allradantrieb
Gemischaufb.:	Benziner; Einspritzung
Getriebe:	Automatik
Bremsen:	Scheiben v/h, innenbelüftet
Höchstgeschw.:	244 km/h
Leergewicht:	2250 kg
Reifen/Felgen:	255/55 R 18 V
Radstand:	2855 mm
Spur v/h:	1652; 1668 mm
L x B x H:	4754 x 1928 x 1726 mm

VW Phaeton

Mit dem Phaeton wollte Volkswagen das Markenimage aufpolieren. Man wollte nicht mehr nur der Hersteller von kleinen und mittelgroßen Autos sein. VW sollte nun auch für die Oberklasse stehen, die bis dahin von den Platzhirschen Mercedes S-Klasse, 7er-BMW und Audi A8 dominiert wurde. Für das Auto, das zunächst unter dem Projektnamen D1 entwickelt worden war, wurde eigens die Aufsehen erregende gläserne Manufaktur in Dresden errichtet. 2002 schließlich kam es als Phaeton auf den Markt. Zunächst gab es nur zwei Motorvarianten: den 241 PS starken 3,2-Liter-Sechszylinder, der ab 56 200 Euro zu haben war, und die 6,0-Liter-Zwölfzylindermaschine, die es auf eine Leistung von 420 PS brachte - und einen Mindestpreis von 98 600 Euro. Zudem war dieser Motor auch kaum unter einem Verbrauch von 20 Litern pro 100 Kilometer zu halten. Mittlerweile sind ein Achtzylinder mit 335 PS und Sechszylinderdiesel mit 225 PS hinzugekommen. Ein noch stärkerer Diesel wurde wieder aus dem Programm genommen. Die Qualität des Phaeton wurde von Kritikern gelobt, Ausstattung, Verarbeitung und Fahrverhalten entsprechen den Erfordernissen seiner Klasse. Die Notwendigkeit dieses Autos ist aber fraglich geblieben. Die Zulassungszahlen blieben hinter den Erwartungen von VW zurück. 2005 waren es in Deutschland 3211 Phaeton gegenüber etwa 5259 Audi A8. Die Zahlen des VW sind vergleichbar mit denen der ersten Modelle des A8 und der 7er BMW's. Deshalb betont Volkswagen, dass der Durchbruch möglicherweise erst mit der zweiten Baureihe komme, die für 2011 erwartet wird. Bislang hat VW sein Markenimage jedenfalls nur minimal aufpolieren können.

Technische Daten	
Baureihe:	Phaeton
Modell:	4-türig; Limousine
Bauzeit:	ab 2002
Motor:	6-Zylinder; Ottomotor
ccm:	3189
B x H:	84,4 x 95,9 mm
Leistung:	241 PS (177 kW) bei 6200/min
Drehmoment:	315 Nm bei 2400/min
Getriebe:	6-Gang Automatikgetriebe
Höchstgeschw.:	235 km/h
Leergewicht:	2181 kg
Reifen/Felgen:	235/55 R 1; 7½J x 17
Radstand:	2881 mm
Spur v/h:	1628; 1612 mm
L x B x H:	5055 x 1903 x 1450 mm

BMW Z4

In den USA war der Z4 schon ein bisschen früher: BMW führte den Z4 auf dem amerikanischen Markt im Herbst 2002 ein, erst im März 2003 startete dann der Verkauf in Deutschland. Der Z4, ein Roadster, der durch kantiges Design auffiel, ist deutlich größer und auch komfortabler als der Z3, sein Vorgänger. Anfänglich weckte der Z4 großes Interesse und erreichte gute Verkaufszahlen, doch dann, im Jahr 2004, brach der Absatz ein, weshalb sich BMW zu einem umfangreichen Facelift entschied, das schließlich im Frühjahr 2006 durchgeführt wurde. Dabei modifizierte BMW nicht nur das Exterieur- und das Interieurdesign, sondern veränderte auch die Motorenpalette: Der geliftete Z4 hatte neue Stoßstangen vorne und hinten, neue Scheinwerfer und Rückleuchten, überarbeitete Felgen und neue Farben, neue Ausstattungspakete und ein verbessertes Fahrwerk. Zudem wurden nun Sechszylinder-Triebwerke verbaut, lediglich der Basis-Z4 verfügte weiterhin über den 2,0-Liter-Vierzylinder-Motor. Die Spitze der Z4-Reihe bilden seitdem der 2,5i mit 177 PS, der 2,5Si mit 218 PS, der 3,0Si mit 265 PS, sowie der Z4M, der über einen 343 PS starken 3,2-Liter-Motor verfügt. Seit Sommer 2006 bietet BMW neben dem Roadster auch ein Z4 Coupé an, als 3,0Csi und als M-Version. Das Coupé erinnert mit seinem sportlich-eleganten Design etwas an die BMW-Sportwägen von früher: lange Motorhaube, großer Radstand, windschnittige Rundungen. Ein Roadster mit festem Dach und Gepäckteil: Das Coupé erregte viel Aufsehen. In der Grundausstattung kostet das Coupé (ohne Mehrwertssteuer) rund 35 000 Euro – und ist damit sogar noch um 1000 Euro billiger als der Roadster.

Technische Daten	
Baureihe:	BMW Z4 E85
Modell:	2.5i; 3.0i Roadster
Bauzeit:	ab 2002
Motor:	6-Zyl.-Reihe; wassergekühlt
Ventile:	2 ohc; Vierventiler
ccm:	2495; 2979
B x H:	84 x 75; 84 x 89,6 mm
Leistung:	192 PS bei 6000/min; 231 PS bei 5900/min
Drehmoment:	223,5 Nm bei 4300/min
Gemischaufb.:	Einspritzer Siemens MS 45
Getriebe:	5V, 1R oder Automatik
Bremsen:	Scheiben v/h; ABS
Höchstgeschw.:	235; 250 km/h
Leergewicht:	1260: 1290 kg
Reifen/Felgen:	225/50 R 16; 225/45 R 17
Radstand:	2495 mm
Spur v/h:	1475; 1525 mm
L x B x H:	4090 x 1870 x 1300 mm

Maybach 62

Der Name Maybach war schon im Deutschland der 20er und 30er Jahre ein Begriff: Damals stellte die Automobilmarke Luxuswägen her und stand für Fahrzeuge der gehobenen Klasse. Dann aber verschwand die Marke – bis die DaimlerChrysler AG sie 2001 wieder neu belebte, und zwar als Premium-Marke der eigenen Mercedes Car Group, als Synonym für die luxuriösesten und teuersten Autos von Mercedes also. Seitdem wurden zwei Maybach-Modelle in Serie gefertigt, beide sind seit 2002 auf dem Markt: Der Maybach 57 und der Maybach 62. Der Maybach 62 hat eine offizielle Länge von 6,17 Meter, eine Breite von 1,98 Meter und eine Höhe von 1,57 Meter, und einen Radstand von 3,82 Meter. Sein 5,5-Liter-V12-Motor leistet erstaunliche 550 PS, er beschleunigt das 2855 Kilogramm schwere Fahrzeug von null auf hundert in 5,4 Sekunden und erreicht – natürlich – die abgeregelte Höchstgeschwindigkeit von 250 km/h. Die Größe hat allerdings auch eine gewisse Unbeweglichkeit zur Folge: Der Maybach 62 hat einen Wendekreis von 14,8 Metern. Um den speziellen Bedürfnissen der Kunden dieser Klasse gerecht zu werden, ist der Maybach mit zahlreichen technischen Highlights lieferbar, unter anderem einem Panoramadach und einer Trennscheibe. Die Preise für den Maybach liegen zwischen 300 000 und 500 000 Euro – wohl auch deshalb blieb der Verkauf bislang hinter den Erwartungen zurück. 2004 etwa wurden weltweit ca. 500 Maybachs verkauft, 41 davon in Deutschland, 2005 lag die Zahl der Zulassungen gar nur bei 25. Der Maybach ist ein Imageprodukt für Mercedes, doch er ist auch: ein Verlustgeschäft. Was jedoch nichts an seinem prunkvollen Auftreten ändert.

Technische Daten	
Baureihe:	Maybach
Modell:	62
Motor:	12-Zylinder
Ventile:	hängende Ventile; obenliegende Nockenwelle
ccm:	5513
B x H:	82 x 87 mm
Leistung:	550 PS (405 kW) bei 5250/min
Drehmoment:	900 Nm bei 2300/min
Antrieb:	Heckantrieb
Gemischaufb.:	Einspritzung; Multipoint
Getriebe:	Automatik
Bremsen:	innenbelüftete Scheiben v/h
Höchstgeschw.:	250 km/h
Leergewicht:	2805 kg
Reifen/Felgen:	275/50 R 19 W
Radstand:	3827 mm
Spur v/h:	1675; 1695 mm
L x B x H:	6165 x 1980 x 1573 mm

Nach der Großraumlimousine Sharan brachte Volkswagen 2003 den Touran auf den Markt, einen so genannten Kompaktvan. Es war ein reichlich später Einstieg in dieses Segment. Renault und Opel etwa hatten mit dem Scénic und dem Zafira schon Jahre früher vorgelegt. VW nutzte die Zeit, um die Konkurrenten zu analysieren und eine angemessene Antwort zu geben. Manche nennen den Touran einen in die Höhe geschossenen Golf-Kombi, was auch insofern treffend ist, als der Touran auf der Bodengruppe des Golf V basiert. Serienmäßig wird er als Fünfsitzer geliefert. Gegen Aufpreis aber sind auch noch die Sitze sechs und sieben erhältlich, die sich im Boden versenken und bei Bedarf ausklappen lassen. Als Motoren stehen Benziner zwischen 102 und 170 PS zur Auswahl, die Diesel leisten zwischen 90 und 170 PS. Stauraum ist reichlich vorhanden, vor allem, wenn man hinten den mittleren Sitz ausbaut. Dann lässt sich das Urlaubsgepäck einer vierköpfigen Familie problemlos unterbringen – gegebenenfalls auch das Surfbrett. Kritiker lobten den Touran zu Beginn für sein durchdachtes Konzept und die große Praktikabilität. Gleichzeitig wurde aber auch kritisiert, dass er ein Auto sei, das keine Emotionen wecke, allzu bieder aussehe. Dennoch verkaufte VW bis Mitte 2006 allein in Deutschland über 270 000 Touran und errang damit die Marktführerschaft in dieser Klasse. Das solide Image des Touran bekam Risse, als Auto-Bild ihm 2006 nach einem 100 000-Kilometer-Dauertest ein schlechtes Zeugnis ausstellte und ihm schließlich die bronzene Möhre für das drittschlechteste Auto des Jahres verlieh. VW reagierte auf die angesprochenen Mängel und gelobte Besserung.

Technische Daten	
Baureihe:	Touran
Modell:	5-türig; Steilheck
Bauzeit:	ab 2003
Motor:	4-Zylinder; Ottomotor
ccm:	1595
B x H:	81,0 x 77,4 mm
Leistung:	102 PS (75 kW) bei 5600/min
Drehmoment:	148 Nm bei 3800/min
Getriebe:	6-Gang Automatikgetriebe
Höchstgeschw.:	179 km/h
Leergewicht:	1427 kg
Reifen/Felgen:	195/65 R 15 bei Conceptline; 205/55 R 16 bei Trendline; 6J x 15 bei Conceptline; 6½J x 16 bei Trendline
Radstand:	2678 mm
Spur v/h:	1541; 1514 mm
L x B x H:	4407 x 1794 x 1635 mm

VW Touran

BMW 525 i

Als BMW 2003 den neuen 5er vorstellte, kamen erst einmal die Schweden: Eine schwedische Auto-Zeitschrift hatte beim Elchtest mit einem voll beladenen 523i festgestellt, dass das Heck gefährlich ausbricht, und daraufhin die Sicherheit des 5ers stark kritisiert. BMW reagierte und lud die Redaktion nach München ein, um auf dem Testgelände gemeinsam einen erneuten Elch- und Spurwechseltest durchzuführen – erfolgreich, wie zu hören ist. BMW begründete das von den Schweden festgestellte Ausbrechen damit, dass das Elektronische Stabilitätsprogramm ESP einen leichten Heckschwenk zulasse, ehe es eingreife. Über seinen Klassiker lässt BMW schließlich nichts kommen: Die 5er-Baureihe mit der internen Bezeichnung „E60" ist die bereits fünfte Generation, nachdem der erste 5er schon 1972 vorgestellt wurde, als Nachfolger der so genannten „Neuen Klasse". Die aktuelle Baureihe weist neben verändertem Design vor allem zwei Neuheiten auf: Zum einen wurde das Bedienkonzept „iDrive" erstmals auch im 5er eingebaut, zum anderen verfügt der E60 über einen gewichtsreduzierten Aluminium-Vorderwagen, der durch die Gewichtseinsparung im vorderen Teil für eine optimale Achslastverteilung von 50:50 sorgt. Zudem wird im aktuellen 5er modernste Sicherheitstechnik verwendet – unter anderem das so genannte „Head-Up-Display", bei dem fahrrelevante Informationen in transparenten Bildern an die Windschutzscheibe projiziert werden, so dass der Fahrer seinen Blick nicht abwenden muss. Der aktuelle 5er ist in zehn verschiedenen Motorisierungen erhältlich, vom 523i mit 177 PS und dem 525i mit 218 PS bis hin zum M5 mit erstaunlichen 507 PS. Im März 2007 erfolgt ein Facelift der 5er-Reihe.

Technische Daten	
Baureihe:	BWW
Modell:	525i
Bauzeit:	ab 2003
Motor:	6-Zyl.-Reihe
Ventile:	hängende Ventile; zwei obenliegende Nockenwellen
ccm:	2494
B x H:	84 x 75 mm
Leistung:	177 PS (130 kW) bei 5800/min
Drehmoment:	230 Nm bei 3500/min
Antrieb:	Heckantrieb
Gemischaufb.:	Einspritzung; Multipoint
Getriebe:	5-Gang-Schaltgetriebe
Bremsen:	Scheiben v/h, innenbelüftet
Höchstgeschw.:	232 km/h
Leergewicht:	1470 kg
Reifen/Felgen:	225/55 R 16 W
Radstand:	2890 mm
Spur v/h:	1560; 1580 mm
L x B x H:	4840 x 1845 x 1470 mm

Audi A3 Sportback

Ab September 2004 erweiterte Audi die A3-Reihe: Der A3 Sportback, eine Karosserievariante der zweiten A3-Generation, kam auf den Markt. Im Gegensatz zum dreitürigen A3 hat er fünf Türen, er unterscheidet sich vom gängigen A3 zudem vor allem durch seine geänderten Heckleuchten und die um 72 Millimeter längere Karosserie. Gegenüber der ersten A3-Generation erhielt der neue A3 neue Motoren, diverse technische Verbesserungen wie die elektromechanische Lenkung, die Einzelradaufhängung an der Hinterachse, die Zwei-Zonen-Komfortklimaautomatik, und dazu das Direktschaltgetriebe „DSG“, das nun wahlweise erhältlich war und bei Audi seit 2006 „S-tronic“ genannt wird. Es arbeitet mit einer so genannten Doppel-Lamellenkupplung und kann zwei Gänge gleichzeitig einlegen; einer ist im Fahrbetrieb eingekuppelt, der andere wird bei Annäherung an den nächsten Schaltvorgang bei offener Kupplung bereits vorgewählt, so dass beim Schalten der Kraftfluss nicht unterbrochen wird. Im Juni 2005 erfolgte ein Facelift des A3, bei dem der Kühlergrill und das Lenkrad der Konzernlinie angepasst wurden. Nicht betroffen war davon der Sportback: Er verfügt bereits seit Produktionsbeginn über den so genannten Singleframe-Grill und das Lenkrad im Singleframe-Design. Sowohl der A3 der zweiten Generation als auch der A3 Sportback sind auch heute noch in der Produktpalette von Audi vertreten.

Technische Daten	
Baureihe:	Audi A3
Modell:	2.0 TFSI
Bauzeit:	ab 2004
Motor:	Ottomotor; Vierventil-Technik, 2 oben lieg. Nockenwellen (DOHC); Schaltsaugrohr
Ventile:	hängende Ventile; zwei obenliegende Nockenwellen
ccm:	1984
B x H:	82,5 x 92,8 mm
Leistung:	200 PS (147 kW) bei 6000/min
Drehmoment:	200 Nm bei 3500/min
Antrieb:	Vorderradantrieb, EDS, ASR, ESP
Gemischaufb.:	Benziner; Direkteinspritzung
Getriebe:	6-Gang-Schaltgetriebe, vollsynchronisiert
Bremsen:	Zweikreisbremsanlage; ABS; EBV; Scheibenbremsen vorn/hinten; vorn innenbelüftet
Höchstgeschw.:	236 km/h
Leergewicht:	1360 kg
Reifen/Felgen:	205/55 R 16; 6,5 J x 16
Radstand:	2578 mm
Spur v/h:	1536 ; 1517 mm
L x B x H:	4203 x 1765 x 1423 mm

Opel Astra H

Nur wenige Autos können auf eine so lange Geschichte zurückblicken wie der Opel Astra H. Er ist bereits die achte Generation der Serie Kadett/Astra und wurde 2004 vorgestellt – 42 Jahre nach der Einführung des Urvaters Kadett A. Die Rüsselsheimer Designer haben beim Astra H nun ihr Bestes gegeben: Sie haben ein Modell entworfen, das sich von seinen Vorgängern deutlich abhebt. Ein Knick in der Motorhaube, der wie eine Bügelfalte aussieht, futuristisch anmutende Scheinwerfer, eine angriffslustige und elegante Gesamterscheinung – der Astra H ist alles andere als langweilig. Als Modellvarianten bietet Opel vier verschiedene Möglichkeiten an, zudem ist ab Herbst 2007 eine Variante mit Stufenheck und vier Türen geplant. Die Serien-Ausstattung des Astra H kann sich ebenfalls sehen lassen: Tempomat, Servolenkung, Zentralverrieglung mit Funkfernbedienung, elektrische Fensterheber vorne, sechs Airbags und Wegfahrsperre sind nur einige der Komponenten. Zusätzlich können zahlreiche Extras geordert werden, etwa eine Klimaautomatik, ein DVD-Navigationssystem oder ein sprachgesteuertes Telefon. Bemerkenswert außerdem: Der Astra H ist mit einem Sechsgang-Getriebe ausgestattet, das in der Regel mit leistungsstärkeren Motoren verbaut wird – wozu die Motoren des Astra H durchaus zu zählen sind, sie erreichen bis zu 240 PS (Benzin) bzw. 150 PS (Diesel). Auch wenn nicht alles im Astra H derart gelungen ist – beispielsweise lässt sich die Rückbank nicht eben umklappen – so ist es dennoch denkbar, was manche Experten dem neuesten Astra attestieren: Die Chance, endlich aus dem langen Schatten des VW Golf herauszutreten.

Technische Daten	
Baureihe:	Opel
Modell:	Astra 1.9 CDTI
Bauzeit:	ab 2004
Motor:	4-Zyl.-Reihe
Ventile:	hängende Ventile; zwei obenliegende Nockenwellen
ccm:	1910
B x H:	82,0 x 90,4 mm
Leistung:	150 PS (110 kW) bei 4000/min
Drehmoment:	320 Nm bei 2000/min
Antrieb:	Frontantrieb
Gemischaufb.:	Diesel; Direkteinspritzung
Getriebe:	6-Gang Schaltgetriebe
Bremsen:	Scheiben v, innenbelüftet; Scheiben h
Höchstgeschw.:	208 km/h
Leergewicht:	1393 kg
Reifen/Felgen:	205/55 R 16 H
Radstand:	2614 mm
Spur v/h:	1488; 1488 mm
L x B x H:	4249 x 1753 x 1460 mm

BMW 1er

Der Anfang in der Modellbezeichnung ist für BMW zugleich die Abrundung der Produktpalette: 2004 präsentierte BMW ein neues Fahrzeug in der Kleinwagenklasse und gab ihm die Modellnummer 1. Der 1er sollte eine noch nicht vorhandene Konkurrenzsituation zum VW Golf und zum Audi A3 schaffen und für BMW damit ein Feld eröffnen, das bislang Hoheitsgebiet der anderen Autofirmen war. Der 1er ist nicht nur der kleinste, sondern auch der kostengünstigste BMW, er ist sowohl als Drei- als auch als Fünf-Türer erhältlich. Sein Design ist abgeleitet vom 3er: Die gestreckte Motorhaube und der lange Radstand sollen den Sportlichkeits-Anspruch der bayerischen Autobauer unterstreichen, zudem hat der 1er die BMW-typische Niere sowie den „Hofmeisterknick" an der C-Säule. Letztere ist nach hinten abgeschrägt, weshalb Kritiker bisweilen bemängelten, die gestauchte C-Säule würde die Sicht nach hinten einschränken. Zudem baute BMW dem 1er mit dem Heckantrieb ein weiteres firmentypisches Merkmal ein – wenngleich der Heckantrieb in diesem Fahrzeugsegment eher untypisch ist. Die Motorisierung des 1ers kann sich dafür sehen lassen: Der 116i verfügt als „schwächster" Vertreter über 115 PS, der 118i über 129 PS, der 120i über 150 PS und der 130i als stärkstes Modell über stolze 265 PS. Dazu kommen zwei Dieselvarianten: Der 118d (122 PS) und der 120d (163 PS). Im März 2007 soll der 1er ein Facelift erhalten, bei dem unter anderem auch die Motoren verbessert werden. Für Ende des Jahres ist außerdem die Markteinführung des 135i geplant. Im Jahr 2005, seinem ersten vollen Produktionsjahr, wurde der 1er insgesamt 149 500 Mal verkauft.

Technische Daten	
Baureihe:	BMW
Modell:	118i
Bauzeit:	ab 2004
Motor:	4-Zyl.-Reihe
Ventile:	hängende Ventile; zwei obenliegende Nockenwellen
ccm:	1995
B x H:	84,0 x 90,0 mm
Leistung:	129 PS (95 kW) bei 5750/min
Drehmoment:	180 Nm bei 3250/min
Antrieb:	Heckantrieb
Gemischaufb.:	Einspritzung; Multipoint
Getriebe:	5-Gang Schaltgetriebe
Bremsen:	Scheiben v, innenbelüftet; Scheiben h
Höchstgeschw.:	208km/h
Leergewicht:	1335 kg
Reifen/Felgen:	195/55 R 16 V
Radstand:	2660 mm
Spur v/h:	1484; 1497 mm
L x B x H:	4227 x 1751 x 1430 mm

Opel Tigra Twin Top

Es gibt diesen Werbespot über den Opel Tigra Twin-Top: Eine Mann und eine Frau lieben sich auf ihrem Bett, sie greifen zwischendurch in ein Glas mit blauen Pillen, und die Leidenschaft scheint sie danach völlig zu unterwerfen, bis schließlich das Bett in der Mitte bricht. Schnitt. In der nächsten Einstellung ist zu sehen, wie die blauen Pillen hergestellt werden: Auf einem Förderband läuft ein blauer Tigra TwinTop nach dem anderen durch ein magisches Portal – ein Zischen und ein Zappen, und der Tigra TwinTop ist eine blaue Pille geworden. Der Tigra TwinTop steht für Spaß und Leidenschaft, das ist die Botschaft des Spots. Dazu passt die Produktbeschreibung von Opel: Der Tigra TwinTop wird als „Funcar“ beschrieben, als Spaßauto – ein echtes zweisitziges Cabrio eben, für sonnige Tage. Das Stahldach lässt sich per Knopfdruck versenken, jedoch nicht im Kofferraum, wie bei Cabrios üblich, sondern eher hinter den Sitzen. Die Konsequenz: Auch bei geöffnetem Dach steht ein ordentlicher 250-Liter-Kofferum zur Verfügung, bei geschlossenem Verdeck ergeben sich gar 440 Liter Stauraum, dazu kommt eine weiteres Staufach hinter den Sitzen, das 70 Liter fasst. Wie schon sein Vorgänger, so wurde auch beim TwinTop eine V-förmige Stoßstange angebracht, die sich im Mittelfalz der Motorhaube fortsetzt und so ein dynamisches Erscheinungsbild prägt. Auffällig sind zudem die großen Lufteinlässe an den beiden vorderen Ecken der Stoßstange, die nach firmeneigener Produktbeschreibung „den selbstbewussten Auftritt des TwinTop unterstreichen“ sollen. So selbstbewusst wie eben auch die Werbung des TwinTop daherkommt.

Technische Daten	
Baureihe:	Opel
Modell:	Tigra Twin Top 1.8
Bauzeit:	ab 2004
Motor:	4-Zyl.-Reihe
Ventile:	hängende Ventile; zwei obenliegende Nockenwellen
ccm:	1796
B x H:	80,5 x 88,2 mm
Leistung:	125 PS (92 kW) bei 6000/min
Drehmoment:	165 Nm bei 4600/min
Antrieb:	Frontantrieb
Gemischaufb.:	Einspritzung; Multipoint
Getriebe:	5-Gang Schaltgetriebe
Bremsen:	Scheiben v, innenbelüftet; Scheiben h
Höchstgeschw.:	204 km/h
Leergewicht:	1265 kg
Reifen/Felgen:	195/60 R 16 H
Radstand:	2491 mm
Spur v/h:	1429; 1420 mm
L x B x H:	3921 x 1685 x 1364 mm

VW Fox

Der Kleinstwagen Fox ist das erste komplett in Brasilien entwickelte und dort auch seit 2004 produzierte Auto von VW. Der Lupo-Nachfolger ist seit 2005 auf dem deutschen Markt zu kaufen – schon ab unter 10 000 Euro, das ist noch weniger, als der Lupo kostete. Damit ist klar, dass die Marke VW sich nicht nur ins Luxussegment ausdehnen will, sondern auch das über Jahrzehnte erworbene Image als Hersteller von Autos für den kleinen Geldbeutel pflegen will. Der Fox ist in Deutschland, anders als in Brasilien, nur als Dreitürer erhältlich. Angetrieben wird das 3,80 Meter kurze Auto von einem Benziner mit drei Zylindern und 55 PS bzw. vier Zylindern und 75 PS. Alternativ gibt es auch einen Dreizylinder-Diesel, der 70 PS leistet. Damit die strenge Preiskalkulation aufgeht, hat VW den Fox mit einer recht spartanischen Serienausstattung versehen. Immerhin ein Antiblockiersystem ist auf jeden Fall mit an Bord. Der Fox grenzt sich von seinem Vorgänger Lupo in mehreren Bereichen ab. Er ist nicht nur 30 Zentimeter länger, sondern mit 1,54 Meter auch acht Zentimeter höher. Somit sitzt auch der Fahrer ganz anders im Auto, mit viel größerer Kopffreiheit etwa. Der Fox hat mehr den Appeal eines Minivan. Dieser Eindruck wird unterstützt durch die schräg stehende Frontscheibe und das große Platzangebot im Innenraum, so dass man sich im Fox durchaus wie in einem Polo fühlen kann. Bei umgeklappter Rückbank lassen sich gut 1000 Liter Stauraum nutzen. In Mexiko heißt der Fox übrigens seit 2004 Lupo, um keine Missverständnisse aufkommen zu lassen. Denn der bis 2006 amtierende Präsident Mexikos hieß Vicente Fox Quesada.

Technische Daten	
Baureihe:	Fox
Modell:	3-türig; Steilheck
Bauzeit:	ab 2005
Motor:	3-Zylinder; Ottomotor
ccm:	1198
B x H:	76,5 x 86,9 mm
Leistung:	55 PS (40 kW) bei 4750/min
Drehmoment:	108 Nm bei 3000/min
Getriebe:	5-Gang Schaltgetriebe
Höchstgeschw.:	148 km/h
Leergewicht:	978 – 1085 kg
Reifen/Felgen:	165/70 R 14; 5J x 14
Radstand:	2465 mm
Spur v/h:	1428; 1424 mm
L x B x H:	3828 x 1660 x 1544 mm

Porsche Cayman S

Allein der Name sagt viel über den Porsche Cayman aus: Der Kaiman gehört zur Familie des Alligators, und auch der Porsche Cayman ist ein sportliches und bissiges Exemplar. Porsche-Chef Wendelin Wiedeking schwärmte bei der Markteinführung im November 2005: „Jede Kontur gleicht einem gespannten Muskel." Die internationale Fachpresse scheint es ähnlich zu sehen: Auf der New York International Auto Show wurde der Cayman S von einer Jury aus internationalen Automobiljournalisten zum „2007 World Perfomance Car" gewählt; er verwies dabei unter anderem den Audi RS4 und den BMW M5 auf die Plätze. Hervorgehoben werden vor allem seine präzise Lenkung, seine guten Fahrleistungen, sein erträglicher Kraftstoffverbrauch und sein 410 Liter großer Kofferraum. Als Grundlage für den Cayman diente der erfolgreiche Porsche Boxster: Die Karosserie ist im Wesentlichen gleich, nur ist der Cayman eben eine reine Coupé-Version. Bei Markteinführung betrug der Grundpreis 58 529 Euro, was ihn auch preislich über dem Boxster positionierte. Ursprünglich war der Cayman nur als S-Modell erhältlich, im Juli 2006 kam noch eine „normale" Variante hinzu. Letztere ist im Gegensatz zum S-Modell (Boxermotor) mit einem Sechszylinder-Saugmotor ausgestattet und insgesamt ein wenig leistungsschwächer als der Cayman S. Während das S-Modell mit 295 PS von null auf hundert in 5,7 Sekunden beschleunigt, braucht der „normale" Cayman bei 245 PS dafür etwa eine Sekunde länger. Natürlich kommt der Cayman auch bei prominenten Kunden an: Unter anderem zählen der Sänger Xavier Naidoo und der Fußballer Gerald Asamoah zu den Käufern.

Technische Daten	
Baureihe:	Porsche
Modell:	Cayman S
Bauzeit:	ab 2005
Motor:	6-Zylinder
Ventile:	hängende Ventile; zwei obenliegende Nockenwellen
ccm:	3386
B x H:	96,0 x 78,0 mm
Leistung:	295 PS (217 kW) bei 6250/min
Drehmoment:	240 Nm bei 4400/min
Antrieb:	Heckantrieb
Gemischaufb.:	Einspritzung; Multipoint
Getriebe:	6-Gang-Schaltgetriebe; Automatik
Bremsen:	innenbelüftete Scheiben v/h
Höchstgeschw.:	275 km/h
Leergewicht:	1415 kg
Reifen/Felgen:	235/40-265/40 ZR 18
Radstand:	2415 mm
Spur v/h:	1486; 1528 mm
L x B x H:	4341 x 1801 x 1305 mm

Audi Q7

Der Q7 ist bei Audi ein Einzelgänger: Er ist das einzige Modell in der Klasse der so genannten „SUV“ (Sports Utility Vehicles), komfortablen Limousinen also, die wie Geländewägen aussehen. Bei Audi dauerte es bis 2006, ehe die Firma mit dem Q7 dieses Marktsegment betrat – da war die Konkurrenz schon längst als SUV unterwegs, Porsche mit seinem Cayenne, VW mit dem Touareg. Alle drei Modelle – Cayenne, Touareg und Q7 – haben allerdings eine Gemeinsamkeit: Sie werden im slowakischen Bratislawa gebaut. Der Q7 beeindruckt auf den ersten Blick vor allem durch seine gewaltige Größe: 5,09 Meter Länge und 1,70 Meter Höhe lassen den Wagen auffallen. Doch das ist beabsichtigt: Schließlich will Audi mit dem Q7 besonders auf dem amerikanischen Markt erfolgreich werden, wo Autos dieser Dimension äußerst beliebt sind. Doch auch für den deutschen Markt hat der Q7 ein Verkaufsargument, das zunehmend Kunden anzieht – eine optional erhältliche dritte Sitzreihe und damit legal Platz für sieben Personen. Wenngleich mit Einschränkung, da der Platz in der dritten Reihe deutlich knapper bemessen ist als der in der zweiten und ersten. Dank einer Kraftverteilung von 40:60 weist der Q7 dafür sehr gute Fahreigenschaften auf, so dass er bei seiner Präsentation von den Fachmedien nahezu ausnahmslos gelobt wurde. „Nie ließ sich ein solches Schlachtschiff einfacher fahren“, urteilte beispielsweise die Auto-Redaktion der Süddeutschen Zeitung. Der Einstiegspreis des Q7 lag bei Markteinführung bei 49 100 Euro für den 3.6 FSI und bei 65 000 Euro für die Achtzylinder-Benzin-Ausführung. Der hohen Nachfrage des Q7 tat dies bislang allerdings keinen Abbruch.

Technische Daten	
Baureihe:	Audi Q7
Modell:	3.6 FSI quattro tiptronic
Bauzeit:	ab 2006
Motor:	6-Zyl.-Motor in VR-Bauweise, Ottomotor
Ventile:	hängende Ventile, zwei obenliegende Nockenwellen
ccm:	3597
Leistung:	280 PS (206 kW) bei 6200/min
Drehmoment:	360 Nm bei 2500 U/min
Antrieb:	Permanenter Allradantrieb
Gemischaufb.:	Benziner, Direkteinspritzung
Getriebe:	Automatik
Bremsen:	Scheibenbremsen v/h; vorne innenbelüftet
Höchstgeschw.:	220 km/h
Leergewicht:	2240 kg
Reifen/Felgen:	235/60 R 18; 7,5 J x 18
Radstand:	3002 mm
Spur v/h:	1651; 1676 mm
L x B x H:	5068 x 1983 x 1737 mm

Opel Antara

Mit dem Antara versuchte Opel im September 2006 ein Comeback: Der Antara ist der Wiedereinstieg der Rüsselsheimer Autofirma in die Allrad-Klasse. Wenngleich anzumerken wäre, dass der Antara – anders als sein Vorgänger Frontera, der bis 2004 gebaut wurde – nur aussieht wie ein Geländewagen, in Wahrheit aber ein geräumiges Straßenfahrzeug ist. Opels Ziel ist es, vom fünftürigen Antara in ganz Europa jährlich 40 000 bis 50 000 Einheiten abzusetzen. Nach seiner Markteinführung bezeichnete ihn die Fachzeitschrift „autoBild" als „überzeichnetes Showauto", um dann festzustellen: „Trotzdem fährt es und ist nicht wie sonst oft üblich ein reiner Salonlöwe." Tatsächlich, der Opel Antara fährt – und er ist auch optisch interessant: Die B-Säule fehlt, das Dach ist nach hinten abfallend, das gesamte Design ist stimmig. Zustande gebracht hat dies eine 70-köpfige Stylisten-Crew, die erstmals ohne Hilfe von Fremdfirmen in der Rüsselsheimer Zentrale arbeitete. Vieles ist gelungen beim Antara, zum Beispiel die Heckklappe: Sie öffnet und schließt elektrisch mittels eines so genannten Pantograph-Scharniers. Das Gelenk der Klappe hat zwei Drehpunkte, weshalb es unnötig geworden ist, beim Öffnen einen Schritt zurück zu treten. Der Kofferraum bietet, wie sich das für einen Geländewagen gehört, ein beachtliches Stauvolumen von 1400 Litern. Angetrieben wird der Antara wahlweise von einem 2,4-Liter-Motor mit 140 PS und manueller Schaltung oder einem 3,2-Liter-Motor mit 227 PS und Automatik-Getriebe. Als der Antara auf der Internationalen Automobilausstellung 2005 vorgestellt wurde, erntete er viel Applaus – Opels Comeback scheint gelungen.

Technische Daten	
Baureihe:	Opel
Modell:	Antara 2.4
Bauzeit:	ab 2006
Motor:	4-Zyl.-Reihe
Ventile:	hängende Ventile; zwei obenliegende Nockenwellen
ccm:	2405
B x H:	87,5 x 100,0 mm
Leistung:	140 PS (103 kW) bei 5200/min
Drehmoment:	220 Nm bei 2400/min
Antrieb:	Permanenter Allradantrieb
Gemischaufb.:	Einspritzung; Multipoint
Getriebe:	5-Gang-Schaltgetriebe
Bremsen:	Scheiben v, innenbelüftet; Trommel h
Höchstgeschw.:	175 km/h
Leergewicht:	1805 kg
Reifen/Felgen:	215/70 R 16
Radstand:	2707 mm
Spur v/h:	1572; 1562 mm
L x B x H:	4575 x 1850 x 1704 mm

INHALT

Bildnachweis:

BMWAG, DaimlerChrysler AG, EFA Museum für deutsche Automobilgesellschaft, Ford AG, Adam Opel AG, Porsche AG, Volkswagen Werk AG, Wissen Digital GmbH, Archiv des Herausgebers. Da einige Vorlagen nicht eindeutig zugeordnet werden konnten, werden berechtigte Honoraransprüche selbstverständlich abgegolten.

Herstellung und Organisation: Dr. Christian Zentner, München
Mitarbeiter: Sebastian Krass, Michael Neudecker
Lektorrat: Claudia Richter
Umschlaggestaltung: Paul Zentner
Layout: Petra Obermeier, München

Lieferbare Titel aus dem Otus Verlag: **www.otus.ch**

ISBN 978-3-907200-53-7